断裂·传承·转换

当代中国建筑技术的设计理念及策略

孙友波 著

东南大学出版社 南京

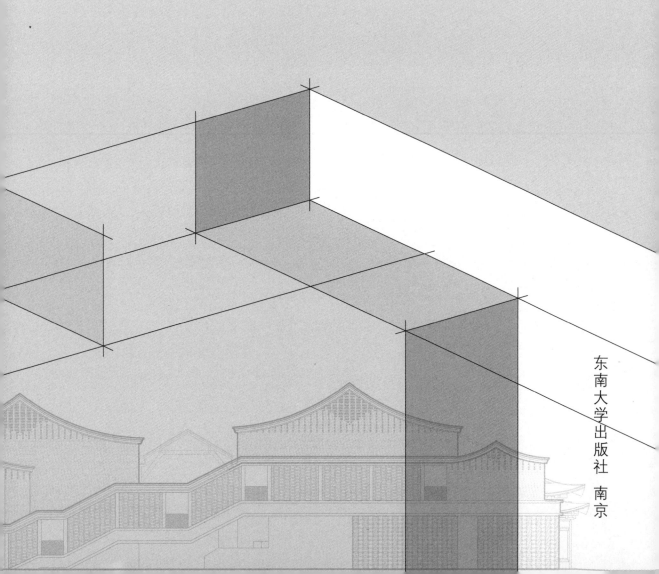

2002 年 9 月，孙君友波投到我的门下进入博士阶段的学习和研究，他的博士论文题目是《断裂 传承与转换——匠学传统下的中国当代建筑技术的设计理念及相关策略之思考》。历时五年，2007 年作者通过答辩获得博士学位。获得博士学位以后他带领团队，经历了十多年建筑设计实践。通过设计实践和理论验证，作者对博士阶段的研究领域有了更深入的理解和再认识，在论文基础上完成了《断裂·传承·转换——当代中国建筑技术的设计理念及策略》这本学术专著。从博士论文到学术专著，应该说是完成了又一次飞跃，他的研究和实践成果对于我国建筑界也更有理论价值、参考作用和指导意义。

建筑设计与科学、技术、社会人文、艺术之间的关系，是一个永恒的研究主题。科学的本质是发现真理、解释规律；技术的本质是建造逻辑、建造材料；社会人文涉及社会公正、是非道德；艺术则是品鉴和表达自然、人生和社会之美的手段。而建筑设计是由科学、技术、社会人文和艺术这四个学科支撑的综合体系。这个综合体系之所以如此光鲜亮丽，是因为建筑设计在这四个学科的基础上，提出原来没有的、创新的构想，通过选择、判断和完善，最终提出全新的方案，并使之成为现实。唯有通过这一综合系统，才能创造我们沉浸其中的丰富完美的物质和精神世界。

通过深入的研究，作者发现，建筑技术不是孤立的，其本质是器物、制度与观念的综合体。对于这一点，我是十分认同的。过去学界的研究主要集中在对传统工艺的考古与整理的器物层面上，习惯性的传承大多集中于考古式的陈述与古董式的修补。国内不少学者在讨论现代技术的转型时忽视了我国建筑技术经历了一个传统断裂的过程，随之而来的是西方建筑体系的全面和替代性的引进，常常没有摆正技术引进与自然传承的主次关系，忽视了技术活动所遵循的制度，即法规与标准的重要性。实践证明，技术的器物、制度与观念是三位一体不可分割的。因此，作者基于职业建筑师的立场，从技术传统的断裂的角度切入，对技术的器物、制度及人文三个层面展开论述，特别是对建筑技术制度，即技术实践活动无法绕开的游戏规则——技术法规与技术标准及其发展的来龙去脉与现状问题进行了技术层面的重点剖析，并针对时下比较突出的热点问题，如节能、绿色、数字等，结合技术活动中各参与者的价值取向，提出了相应的技术策略与措施。作者深入研究得出的结论具有重要的创新意义和学术价值。

十年一剑，作者在博士阶段的刻苦研究和实践阶段的潜心探索，通过本书的出版结出了丰硕的成果。

祝愿孙君友波在未来的时日里取得更为瞩目的成就。

仲德崑
于仙林灵山脚下

目录

建筑在我国素称匠学，非士大夫之事，盖建筑之术，已臻繁复，非受实际训练，毕生役其事者，无能为力，非若其他文艺，为士人子弟茶余酒后所得而兼也。

——梁思成

0 绪 论

0.1 背景与缘起

建筑是艺术与技术相结合的综合学科，建筑工程是表现此综合学科的成果。作为载美的工具，艺术能为大众所直觉感知，自然受到格外关注；而技术作为艺术的承台，它发生"艺术"，促进"艺术"的诞生，使艺术得以自由地表现，但由于其不便于大众自由交流，故不被太多的建筑师们所关注。

1999 年，第 20 届世界建筑师大会在中国北京召开，大会通过了《北京宪章》并提出全面的技术思想，至此，有关建筑技术理论的论题开始被更多的国人关注，大量涉及绿色建筑、生态建筑与可持续发展建筑之类的论文著作相继问世，建筑技术类的论文也主要着眼于以人为本、节约能源与可持续发展等方面。之后，随着 2008 年北京奥运会、2010 年上海世界博览会、2022 年北京冬奥会等大型体育博览盛会的成功申办，新一轮场馆建设热兴起，大众对建筑技术理论的关注达到前所未有的程度。相关文章及建筑实践不断涌现，一方面是标榜着高技术、新技术的国际化建筑横空出世，如对国家大剧院、奥体中心的"鸟巢"、央视的新办公大楼等建筑的争议一直被媒体报刊争相炒作；另一方面是鼓吹基于中间技术、低技术或适用技术，注重民族传统、地域特色的建筑在夹缝中力求生存，如新式夯土建筑、窑洞建筑、生土建筑等等。

然而，在这亢奋与不安的发展状态背后，一个不可否认的现实是，中国当代建筑技术的整体水平仍然较低，并且随着全球化进程的加快，我国一些优秀的传统技术正在丢失，技术的传承在现代与传统之间出现了某种程度的"断裂"。正如秦佑国教授所言，中国建筑在工艺技术上一方面丢失了传统手工艺，一方面现代工艺又没有进步，我国建筑到了一定要变革基本技术体系的时候了[1]。

"没有无根源的纯粹发明"[2]，技术的发展也同样如此。要变革我国基本的建筑技术体系，就必须对我国传统技术进行追根溯源，对推动技术发展的"内力"进行深刻的剖析，只有对"断裂"分析清楚，才能去除糟粕，取其精华。至于外来技术，从本质上来说它终究是一种"外力"，隐含在我国技术体系进化过程中，对此，我们只能借鉴而不能全盘照搬，否则我国建筑技术会面临着被边缘化的危险。

过去，我国优秀的匠学传统创建了独树一帜的古代中国建筑体系，其中古代建筑技术体系的作用是不容置疑的；现在，我国建筑技术在发展过程中又为何会出现这种"断裂"现象，面对传统技术我们如何去选择传承，诸如此类的问题亟待我们去研究。

[1] 秦佑国. 中国建筑艺术需要召唤传统文化 [J]. 中国艺术报，2003，26.

[2] 贝尔纳·斯蒂格勒. 技术与时间——爱比米修斯的过失 [M]. 裴程，译. 南京：译林出版社，2000：74.

0.2 回顾与解读

提出中国现代建筑技术与传统建筑技术之间存在断裂现象，力求引起大众对此的重视。国内多数学者谈论中国现代建筑技术与传统技术之间的关系时常用的词是"转型","转型"意思就是在原有传统的基础上进行改良或革新,但这个传统是中国的还是外国的,或者两者兼有,还有待商榷。事实上,中国现代建筑技术大多数是基于"外来"的技术传统而发展起来的,"转型"以引进为主,包括设计、营造、管理、教育等方面。可以说,自近现代以来,中国建筑技术的发展出现了不同程度的"断裂",当前建筑技术的发展所出现的种种"不适"不少是源于此。

界定技术定义,强调技术发展过程中传承的必要性与重要性,提出基于匠学传统的当代中国建筑技术理念及相关应对策略与措施。针对目前人们对建筑技术概念认识的混乱状况,本书参考多类文献,对建筑技术进行了初步定义,强调技术是器物、制度和人文的综合体,三者是浑然不可分割的,而营造活动中的主体——人,于建筑技术发展过程的核心地位。本书还批判了对匠学传统认识的两种极端倾向,倡导积极汲取传统技术中的"合理内核",探索中国当代建筑技术的发展趋势。

当前,传统匠艺出现明显衰退,而现代技术似乎总不能令人特别满意。因此,不少建筑师开始另辟蹊径,对建筑技术进行追根溯源,希望能找到传统技术中可值得学习与再利用的东西。但技艺的传承并非易事,在具体的设计与操作过程中,许多意想不到的难题导致其不能实现,如传统材料与工艺的消失、消费者的价值取向改变、现行技术规范的制约等等。显然,传统匠艺与现代技术之间的断裂早已发生,在反复思考的过程中,惋惜者居多而深究者甚少。因此,本书突破建筑史学对传统匠艺考古式的文献叙述,分析传统工艺过去赖以生存的土壤,追寻其在现阶段的制约因素,即对工艺传统断裂过程进行分析研究,探讨传承的目的、方法和策略,从匠学传统角度考察当代建筑技术发展规律,着力探讨现代建筑技术自何处而来,又往何处发展,这些有助于建筑师对中国当前建筑技术体系进行思考,使优秀的传统技术能够被选择性地传承。此外,本书对外来技术的转移与转换也做了稍加评述,以资借鉴。

0.3　综述与评价

0.3.1 国内建筑技术理论研究

1985 年，中国科学院自然科学史研究所主编的《中国古代建筑技术史》开创了系统研究中国建筑技术史的先河，弥补了以往建筑史研究中所欠缺的技术论述的薄弱环节。此书对我国古代建筑工程技术的发展做了阐述，还对建筑工程做法、技术经验和成就进行了整理和总结。1999 年中国建筑工程出版社继《中国古代建筑史》（刘敦桢主编）1980 年版之后，再次编著出版了五卷集《中国古代建筑史》。其中对建筑技术的发展、工程做法、匠师、建筑著作进行了更为详细的梳理。这些书籍的出版使我们对古代建筑技术有所了解，对当代有一定的借鉴价值。

另外，自 1999 年《北京宪章》提出以来，更多的建筑学者开始关注建筑技术理论的发展。近几年一系列有关此类的博士论文与书刊相继发表。

（1）技术在纵向发展与横向交汇比较方面的研究

东南大学的李海清在《中国建筑现代转型》中，从建筑技术、制度与观念着手，分析研究了 1840 年至 1949 年间中国建筑的现代转型；邓浩在《区域整合的建筑技术观》中，从本体论、价值论和认识论等不同层面对建筑技术展开了比较广泛和深入的探讨；同济大学的沙永杰在《"西化"的历程——中日建筑近代化过程比较研究》中，用比较的方法讲述了中国建筑技术历经西方建筑技术的移植、建筑材料与结构的演变、应用技术的发展及近代中国建筑师的执业状况；哈尔滨工业大学的孙澄在《现代建筑创作中技术理念发展研究》中，从对于技术及技术理念在建筑的历史演进中产生的影响的纵向梳理和对于哲学等人文领域研究成果的横向吸纳入手，系统地解析了建筑技术观在当代的转型，揭示了建筑技术理念的发展历程，引发了对建筑创作中的技术理念的整合与思考，等等。

（2）传统地域建筑技术的研究

在东南大学朱光亚教授主持的江苏省科技厅资助项目"传统建筑工艺抢救性研究"中，对正面临断续之余的（地方）传统工艺进行了抢救性的保护记录工作。台湾国立云林技术学院杨裕富教授进行了关于"建筑与工业设计的设计资源——传统工匠的转型基础"的研究。华南理工大学陆元鼎教授指导的博士生进行了越海系、闽海系、广府民系与湘赣民系等一系列关于民居建筑与文化的研究，其中对传统地域建筑技术也有大量的阐述。清华大学楼庆西教授指导学生对福建、云南等地的地区传统建筑装饰进行了研究。西安建筑科技大学刘加平教授指导学生对窑居建筑进行了研究，等等。

（3）现代建筑技术的研究

各高校关于此类的文章很多，涉及生态建筑、绿色建筑、可持续发展建筑、工业化建筑、数字信息化建筑等方面。

0.3.2 国外对建筑技术理论的研究

在技术理论的研究上，总体上说，有两种主要倾向：

（1）技术的选择 (how)

主要分析在人与自然交往的过程中对能源、地貌、气候等的关注，提出解决这些问题的策略与手段,挖掘传统地方建筑特色的元素,运用低技术、轻技术、中间技术与高技术等多层次的、适用的技术去达到可持续发展的目的。主要文献有:

1983 年，P. L. 奈尔维在《建筑的艺术与技术》（黄运升译）中，提出技术是杰作的必要条件而非充分条件，强调了技术、经济与建筑伦理 (ethics of building) 的关系。

1983 年，E. F. 舒马赫在《小的是美好的》（虞鸿钧译）中，比较系统全面地论述了一种适用技术的概念，提出从地方技术水平和经济条件出发的"中间技术"的概念，用它来规定技术的选择方向。

1992 年，麦克哈格在《设计结合自然》中，从宏观方面提出人与自然、环境的关系，论述了创造人的生态环境的可能性与必要性，提出"适应"的原则。

1996 年，布来恩·爱德华兹在《可持续性建筑》中，倡导可持续发展的观念，解释了环境法规和指令给建筑师带来的新的责任与机遇。

1998 年，克劳斯·丹尼尔斯在《低技术、轻技术、高技术——信息时代的建筑》中，提出高技术的概念，探讨了多层次的技术观念。

2000 年，克里斯·亚伯在《建筑与个性——对文化与技术的回应》中，推出适度的建筑技术观，提出回归手工艺制造的口号。

除此之外，在建筑物对自然能源的有效利用的实践方面，新加坡的杨经文、印度的柯里亚、德国工程师托马斯·赫尔佐格等的建筑技术实践也影响了中国当代一大批建筑师。

（2）技术的求真 (what)

强调在建筑的生成过程中技术的真实表现与逻辑内涵。这方面比较突出的是建构理论。

1851 年，拉斯金在《建筑的七盏明灯》和《威尼斯之石》中对手工艺和手工劳动的炽热理想给予了工艺观念一种动力，强调人工制品必须反映人类自身的基本特征，反对"建筑的欺骗"。这是建构理论形成的雏形之一。

1851 年，散帕尔在《建筑艺术四要素》和《编织艺术》中，提出建筑的"动机"与"表面装饰"思想，奠定了其建构理论的基础。

1957 年，塞克勒在《结构、建造与建构》中，把建构引入当代建筑理论的视野中。

1995 年，肯尼斯·弗兰普顿出版了其巨著《建构文化研究——19 和20 世纪建造的诗学》，推动了当代建构文化的研究。其中最为人所知的论点是：建构绝不仅仅是一个建造技术的问题，建构是建造的诗，或者说是诗意的建造。

此外，在建构的实践方面，赫尔佐格＆德梅隆、坂茂、皮亚诺等建筑师也进行了一定的尝试与探索。

0.3.3 既有研究的评价

国内外关于建筑技术理论研究的成果比较广泛，它们在某种程度上推动了人们对中国建筑技术理论发展的关注，激发了建筑师对建筑技术的探讨、实践与反思。它们促使人们重新认识自然，挖掘地域与民族的建筑特色，在对待能源、地貌、气候上树立了可持续发展的观念；同时它们强调建筑是诗意的、逻辑的建造，在力求真实表现建筑的生成过程的同时，又注重地域与民族的建筑特色，体现了建筑的情感性，这是对建筑技术本质的回归。美中不足的是，以上建筑技术理论的思想中对技艺的传承关注不够。在中国，这种现象尤为突出。埋怨现代工匠今不如昔的同时，忽视了建筑活动中技艺的承载体——人的重要性。对形式符号传承的同时，忘却了技术服务的宗旨，反而成为技术发展的桎梏。技术的引进更多源于对"时尚"外形的借鉴与模仿，技术更多地变成了为表现而选择的工具。对建筑技术的器物实用性、建筑技术制度的作用与反作用性和渊源的营造文化关注不够。我们没有完全跟上国外技术的最新发展，技术理论尚处于引进与诠释阶段，理论的中国化尚有一定距离。如建构理论到中国就变成了标识与时尚，各家有各家的释义，大多成为虚假的承诺。在此理论指导下的技术实践则是两极分化，一部分是国外市场的实验场，另外一部分则循规蹈矩，新瓶装旧酒，外贴一层时尚的标签，此现象在中小设计单位尤其突出。

0.4 革新与拓展

0.4.1 研究对象和方法的革新

本书从建筑学的角度对中国建筑技术传承中的断裂现象进行剖析，在此基础上，本书提出当代中国建筑技术的设计理念及相关策略。在研究对象上，通过对国内传统建筑技术的断裂现象的研究，从建筑技术的器物、制度（游戏规则）及观念（价值取向）三个方面展开论述，探讨当代中国建筑技术传承发展的规律。在研究方法上，文献研究与实例相结合，避免了空洞的建筑技术理论的阐述，构建基于匠学传统的当代建筑技术理论框架。实证调研与比较相结合，通过分析实证调研的第一手资料，进行国内外数据及实例的对比，增强理论的说服力。跨学科研究，对建筑学、工艺学、民艺学、技术史学、考古学等多学科进行综合研究。

0.4.2 建筑技术理论与实践的拓展

目前，国内外关于建筑技术理论的研究水平相差很大。国外对技术理论的研究从学术体系的建立到理论研究的逻辑性与系统性都有很高的学术成就，而国内关于建筑技术理论的研究还处于跟踪与引进阶段。由于国内外就建筑技术的研究背景及国情存在差异，国内学者在引进许多国外概念与理论体系时存在从概念到学科研究体系的争议与混乱（如对建构理论各家有各家的说法）。特别是对外来理论中国化这一进程研究较少，缺乏对国情、传统与现代的时空互动的系统研究。

国内关于建筑技术理论的研究成果广泛，但绝大多数侧重于技术的选择与技术的细部层面上 (how)，对建筑技术的本体 (what) 及为何选择 (why) 的研究还很缺乏，尤其是从匠艺传统的断裂与传承角度来研究当代建筑技术的相关文献更少，这给本课题的研究带来一定的难度。

建筑技术是器物、制度及观念的综合。然而，国内现有文献主要集中于对传统工艺的考古与整理的器物层面上，"热闹的"传承大多集中于考古式的陈述与古董式的修补。国内不少学者在讨论现代技术的转型时忽视了传统断裂的存在，混淆了技术引进与传承的主次关系，漠视了技术活动需遵循的游戏规则（技术的法规与标准）的重要性。其实，技术的器物、制度与观念是三位一体不可分割的，因此，本书基于职业建筑师的立场，从技术传统的断裂的角度切入，对技术的器物、制度及观念三个层面展开论述，特别是对建筑技术制度（基于实践层面的技术制度，这是建筑师常忽视的一点，而非对一般意义上的技术与制度进行烦琐地泛泛而谈），即技术实践活动无法绕开的游戏规则——技术法规与技术标准及其发展的来龙去脉与现状问题进行了技术层面的重点剖析，并针对时下比较突出的热点问题，如绿色低碳技术、装配式技术、海绵城市等，结合技术活动中各参与者的价值取向，提出了相应的技术策略与措施。

0.5　框架与概念

本书稿框架及建筑技术范畴见表 0-1、表 0-2。

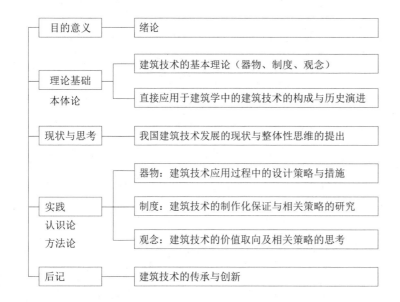

表 0-1 书稿框架

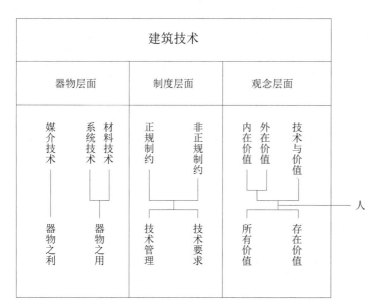

表 0-2 建筑技术范畴的限定

我们的时代特征：工具完善，目标混乱。

——爱因斯坦

1　概念与认识

1.1　相关概念的解析

1.1.1　技术范畴的界定

　　技术（Technology）一词源于希腊文 Technikon（技术的），意思是属于 techne（技艺）的所有事物，是指技能、技巧，这也是对技术的传统理解。随着时间的流逝，技术的内涵不断得到扩展，但其基本含义依然为大家所认同。《辞海》中的"技术"条目这样写道："技术泛指根据生产实践经验和自然科学原理而发展成的各种工艺操作方法与技能。除操作技能外，广义的还包括相应的生产工具和其他物质设备，以及生产的工艺进程或作业程序、方法。"[1] 然而，此定义在强调技术的技能与技巧含义的

[1]　辞海编辑委员会. 辞海 [M]. 上海：上海辞书出版社，1989：758.

同时，却抹杀了技术问题的复杂性。W.F. 奥格伯思曾说过："技术像一座山峰，从不同的侧面观察，它的形象就不同。从一处看到的一小部分面貌，当换一个位置观看时，这种面貌就变得模糊起来，但另外一种印象仍然是清晰的。"[2] 这为我们提供了一种界定技术的思路，即以"适当"的角度，从多层面出发，在技术发展的过程中去"限定"和"说明"什么是技术，而不是简单地去"定义"它。

把技术定义为一组概念而非单一概念，用多要素综合的方法去阐述什么是技术，技术哲学家 C. 米切姆[3] 做出的尝试比较典型。他认为技术由以下四类要素互动整合而成：① 作为对象（人工物）的技术，包括装置、工具、机器、人工制品等要素；② 作为知识的技术，包括技艺、规则、技术理论等要素；③ 作为活动的技术，包括制作、发明、设计、制造、操作、维护、使用等要素；④ 作为意志的技术，包括意愿、倾向、动机、欲望、意向和选择等要素。此外，英国学者阿诺德·佩斯认为广义的技术应由三个方面构成：技艺方面（知识、技能与技艺，工具、机器，化学品、生命体，资源、产品、废料），组织方面（经济活动和工业活动、专业活动、使用者和消费者、工会），文化方面（目标、价值观和伦理规范、对进步的信念、认知与创造性），等等。这些定义避免了对技术进行极端"狭义"与"广义"的定义。正如工程技术专家通常把技术当作人造的"器"，如机器、工具的制造和使用，工程技术等"狭义"的理解，人文学科的学者将一切属于"器"的、"艺"的、"技"的、"术"的东西统称为技术，将一些非技术的东西也包括了进去，这样的定义也就没什么意义[4]。

[2] 邹珊刚. 技术与技术哲学 [M]. 北京：知识出版社，1987：227.

[3] Carl Mitcham. Thinking through technology: the path between engineering and philosophy[M]. Chicago: The University of Chicago Press, 1994.

[4] 刘文海. 技术的政治价值 [M]. 北京：人民出版社，1996：31，55.

基于以上观念，本书将技术的讨论范围限定为三方面：器物（对象、工具手段、产物）制度（体制、建制、组织）和观念（人文，作为一种特定的活动而形成特定的观念）（图1-1），由此出发，对建筑技术进行解析，并提出相应的技术策略与措施。

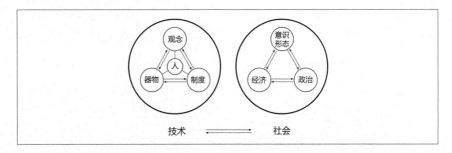

图 1-1 技术范畴的限定

1.1.2 技术的本质

1）"工具"和"手段"——"四因说"理论

人们对技术的流行观念，通常是把它看作人的行动和目的的手段，立足点设立在技术对人类生活的"有用性"原则之上，从目的和手段的范畴来分析技术。古希腊亚里士多德的四因说理论（即质料因、形式因、动力因和目的因）具有相当大的代表性。亚里士多德认为，要说明事物的存在，就必须在现实事物之内寻找原因,他确定质料、形式、动力、目的为事物产生、变化和发展的四种内在原因，俗称"四因"。其中，质料因，是事物构成的根基；形式因，是决定一个事物是其所是的原因；动力因，是事物运动变化的源泉；目的因，是指一个具体事物之所以存在所追求的目的，即做一件事的缘故。他举例说，一栋房子的质料因是砖瓦，动力因是建筑师的技艺，形式因是它的建筑式样，目的因则是为了盖房子出租，有了这四种原因，房子就盖起来了。他还认为，质料是消极的、被动的，形式是积极的、能动的，由于"外力"作用，质料被形式化，从而从潜能转化为现实。至于"外力"，就是主体对形式的创造，根源在于制作者的技艺。四因论的传统解释偏重于动力因，即操作者的因素，在手工产品的生产中即生产者本身，传统的技术就是这样来的。动力因的这种特殊地位造成了技术的器具论概念。因为，技术的产品不是自然之物，它本身不具有它的目的因。在这个产品之外形成的目的因来自生产者，生产者作为目的因的同时也成为目的因的载体，并具有目的，而产品只是一种手段[5]。这样一来，人们逐渐把技术理解成工具和手段，把它当作属于人的、为人所利用的东西。

而一旦技术被定义为手段，它就像任何手段一样能够被肯定或否定。人们对自然的态度就只能把大自然视为加工制作的材料和被动的从属者，以期对其进行开发利用。为了满足人类的需求，人类利用技术这个工具与手段，无限度地去获取身外之物，造成了人与世界的剥离，破坏了人与世界的原初统一。特别是进入工业社会之后，它给人类带来巨大社会财富的同时，也给人类带来了种种困扰与不安。在发现技术的两面性的同时，人们对技术的认识表现出两种极端态度：乐观主义与悲观主义。以荷兰学者舒尔曼的分法，是实证论与超越论两种态度。悲观主义者（超越论者）基本上是反技术的，对技术"不怀好意"，认定技术对人类自由和人类生活造成的危害远远大于技术为人类带来的福利；乐观主义者（实证论者）则

[5] 贝尔纳·斯蒂格勒.技术与时间——爱比米修斯的过失 [M].裴程，译.南京：译林出版社，2000，11.

是赞成技术的，他们在技术中看到了对人类力量的确证和对人类文化的保证，他们也不否认技术的负面效果，但认为技术的消极面只有通过技术本身的进一步发展才能得以克服。这两种各执一端的态度显然都是不可取的。那么，我们又怎样去认识技术？在 20 世纪众多关于技术反思的潮流中，德国哲学家海德格尔的技术理论为我们提供了一种独特的视角。

2）"座架"（Gestell）——"物的展现"

海德格尔将技术的本质称为座架(Gestell)[6]，即限定的会集者: 限定(即强求) 人以预定的方式把现实物展现为持存物。他认为，现代技术本质上不是什么机械设备之类的技术性的东西，技术作为本质，先于"技术的东西"。他特别强调，现代技术不是目的的单纯手段，而是本身参与到自然、现实和世界的构造中 [7]。什么样的工具被运用，就意味着什么样的世界被呈现出来，任何手段被纳入技术，只是因为该手段的运用适合于技术已经开辟的世界。所以，技术的关键不在于操作行为，更不在于使用某种方法，而在于我们所说的去蔽 [8]。在他看来，技术作为真理的显现方式，绝不可能是属于人的，相反，人倒是属于这种真理——有什么样的真理运作，就有什么样的人性。技术展现离不开人的参与，人可以决定采取这个或那个技术行动，但人的参与始终只是对座架之促逼的响应，而绝不构成或产生这种座架本身 [9]。

再次，海德格尔指出现代技术与传统技术的区别就在于，它对物和存在者的展现不是一种对"物性"的"带出"，而是挑衅意义上的"强使"；它不是保护着物之物性的完整性，即海德格尔所谓"天地人神"的四重性，而是一种单向线性的"预置"，使物不再是物，而成了"持存物"；现代技术以"预置"的方式展示物、构造世界，使得物都成了"持存物"。他进一步指出，新时代技术展现的方式是"限定"和"强求"，技术展现的事物"无保护地"遭受加工、耗尽和技术统治，"失去了从前的本质"，其结果是对事物和世界的自身性的毁坏。

最后，他试图这样把握事物的自身存在: 事物作为世界的会集地，即天和地、神和死者的会集地，将技术展现建立在事物和世界的自身性中。因此，在摆脱了工具性的人类学的技术观念后，人与自然和人与世界的关系就发生了彻底变化，它们之间不再是彼此分裂的，转而成为一个有机的

[6] 吴国盛. 海德格尔与科学哲学 [J]. 自然辩证法研究, 1998(9): 2-7.

海德格尔将现代技术的本质浓缩成一个生造的词"座架"（Gestell）。按照德语的构词法，这个词的字面意思是将所有的"摆置"（stellen）会聚（Ge-）起来。用"会聚"来说明技术本质的运作方式，与海德格尔对通常技术概念中人类学倾向的批判有关。通常人们不仅把技术理解成工具和手段，还把它理解成属于人的、为人所利用的东西，后一方面海德格尔称为人类学的技术观。在他看来，技术作为真理的显现方式，绝不可能是属人的，相反，人倒是属于这种真理——有什么样的真理运作，就有什么样的人性。所以，技术手段和技术体制的变迁也好，技术对于时代的支配性也好，绝不是人自身的一种主观上的选择。它作为存在命运的赠与，也支配着人自身。同样，现代技术的"预置"行为并不是人的由人类来选择和行使的一种方式，而是存在的命运。为了体现这一点，海德格尔不惜生造一个词"座架"，来概括现代技术的本质运作方式。

[7] 博尔德. 海德格尔分析新时代的技术 [M]. 宋祖良, 译北京: 中国社会科学出版社, 1998: 112、17、25、84、87.

[8] 贝尔纳·斯蒂格勒. 技术与时间——爱比米修斯的过失 [M]. 裴程, 译. 南京: 译林出版社, 2000: 12.

[9] 毛萍. 从存在之思到"技术展现"——论海德格尔技术理论的本体论关联 [J]. 科学技术与辩证法, 2004(6): 89-92.

统一体。

3）超越"缺陷"的"代具"（技术）——技术与时间

海德格尔之后，当代法国哲学家贝尔纳·斯蒂格勒在以西蒙栋、吉尔、勒鲁瓦 – 古兰等人类学家、民族学家和史前学家为代表的技术进化论[10]和以海德格尔为代表的生存现象学基础上，进一步发展了技术之于时间的关系。

（1）贝尔纳·斯蒂格勒沿用与发展了吉尔所制定的技术体系的概念，他认为技术发展需要一种协调，孤立的技术是不存在的，对于某个特定的技术来说，它的发展逻辑首先是由它存在其中的技术体系决定的。技术的整体与部分构成的结构是一个能产生反馈效应的静态组合。比如炼钢厂使用蒸汽机设备生产出优质钢材，而优质钢材又可以用来生产更先进的设备。这就是技术体系的概念：各种不同层次的组合的结果产生静态与动态的相互关系，这些关系又遵循一定的运行规律和变换程序。每个层次都被一个更高的层次所包含，同时，每一个高层次也依赖它自身所包含的低层次，这样形成一个体系化的整体协调[11]。一个技术体系构成一个时间统一体，技术进化围绕着一个由某种特定技术的具体化而产生的平衡点，达到相对稳定的状态。但一个体系具有自身的极限（积极的与消极的），极限既可以使一个体系瘫痪，同样也可以产生一系列危机和不稳定因素，从而促进进化和新的决策，技术进步的实质就是转移自身的极限。当一个技术体系的全部条件都具备时，进化就势在必行了。一方面，在一个稳定的技术体系内部，新的技术发明引起无危机、无断裂的发展，即吉尔所称的"技术系谱"；另一方面，技术的发展表现为破坏原有的体系，在一个新的平衡点上重建一个新的技术体系。新技术体系产生于旧技术体系的极限，这种进化从本质上说是断裂的、不连续的。

（2）技术进化是人与物偶合的结果，人借助于有机化的被动物体（技术物体）与环境发生关系，技术物体这种有机化的被动物质在其自身的机制中进化，正如生命物体在与环境的相互作用中演变一样，它也随时间的推移而演变，在一定的时空范围内具有不同的表现形式。然而，它们的产生却取决于一种更深层次的决定趋势，唯有这深层的决定因素才能解释超越一切种族特征的技术趋势的普遍性这一事实。也就是说技术趋势具有普

[10] 技术进化论理论主要将技术从简单的外在工具的地位"搬进"人类自身发展的逻辑之中，工具本身具有内在动力，它促成了人的形成（或发明）。他们在技术与"纯粹理性"之间划分了界限，认为"纯粹理性"才是人的本质，技术则是从动物到人的一块跳板。

[11] 贝尔纳·斯蒂格勒. 技术与时间——爱比米修斯的过失 [M]. 裴程, 译. 南京：译林出版社, 2000: 36.

[12] 贝尔纳·斯蒂格勒.技术与时间——爱比米修斯的过失[M].裴程,译.南京:译林出版社,2000:60.

[13] 源于柏拉图在《普罗泰戈拉》中的一种叙述:很久以前有一段时间只有神而没有生物,后来应当创造生物的时间到了,神们就在大地内部用土与火以及这两元素的各种混合物来塑造生物;到了准备让生物在日光底下出现的时候,他们命令普罗米修斯和爱比米修斯替生物进行装备,分别赋予生物种种特有的性质。爱比米修斯对普罗米修斯说:"让我管分配,你管检查吧。"普罗米修斯同意了,于是爱比米修斯就进行分配。他给有些生物配上了强大的体力,而没有给予其敏捷,他把敏捷配给了柔弱的生物;有些生物他给了武器,有些生物则没有武器;他替没有武器的生物设计了别的手段来保护自己……爱比米修斯如此一一做了安排,可是由于他不够聪明,竟忘记自己已经把可以分配的性质全部给了野兽之类了,他走到人面前,人还一点装备都没有呢。于是他就大感窘困了。正当他无法可施之际,普罗米修斯前来检查分配的情况。他见到别的动物都配备适当,惟有人还是赤脚裸体,既没有窝巢,也没有防身的武器。普罗米修斯不知道怎样补救才好,就偷了赫菲斯特和雅典娜的制造技术,同时又偷了火(没有火是不能取得和使用这些技术的),送给了人……这样一来人就具备了维持生命的手段。人的第一属性就是没有属性,即是"缺陷",贝尔纳·斯蒂格勒把人的本质建立技术之上,就是要在技术的变革中把握人类自身的变革。

[14] 贝尔纳·斯蒂格勒.技术与时间——爱比米修斯的过失[M].裴程,译.南京:译林出版社,2000:60,340.
法国哲学家贝尔纳·斯蒂格勒将人类对技术的依赖统称为人的"代具性",即若残人依赖代具而生存。为了生存,人只有依靠技术,运用工具,以补身体的不足。所以,代具从广义上泛指一切人体以外的技术物体。

遍性,虽然构成趋势的一系列技术事件具体而真实地发生于不同的种族区域中,但趋势本身却独立于种族文化区域,它像规则一样贯穿各区域的技术生态体系,并引导进化的总体过程,至于进化是通过发明还是通过引用来实现,这是无关紧要的。所以引用和发明没有根本区别:关键在于一项发明——无论是外来的还是本民族的——必须对一个"民族的现状"来说是可以接受的,而且是必需的[12]。因此,要将技术趋势与技术事件区分开。作为趋势的具体化,技术事件是建立在趋势与环境之间的妥协,其多样化掩盖了技术趋势的普遍性。换言之,事件有一个技术性的核心和一个民族性的外瓤。

(3)根据普罗米修斯的神话,他提出了"缺陷"这一概念,具体如下[13]。第一,人不同于动物的第一个标志就是不具有任何与生俱来的属性,也就是说人的第一属性就是没有属性,即"缺陷";第二,超越"缺陷"是人之为人(即生存)的第一条件,人借助代具(技术)才能得以超越原始性"缺陷"而生存。因为技术是不能通过基因的遗传来实现延续,它通过代具给人提供了一个不属于任何个体的记忆空间。代具本身没有生命,但它决定了人的特征并构成了人类的进化。在与人的交往过程中,代具在自身的机制中也获得了进化,它不再被视为一种外在于人的被动物体,而是本身也具有了内在动力。用他的话讲,技术的意义就是在变革中自我否定;没有技术就没有人,把人的本质建立在技术(工具)之上,就是要在技术的变革中把握人类自身的变革。尽管现在不少人认为,器具性是技术所固有的,它体现了人的代具性本质,但问题的关键不在于将技术与器具分开,而在于批判性地把器具(代具)简单地归属于方法或有用与无用的范畴[14]

4)小结

通过对以上各种技术理论的简单梳理,笔者将技术的本质归结为以下几点:

(1)技术依赖器物而存在,不是单纯的工具和手段,而是物的构造(展现、解蔽);它不依赖人而客观存在,但只有通过人的参与,技术的展现才成为可能。

(2)技术不能简单地归属于方法或有用与无用的范畴。

（3）孤立的技术是不存在的，对于某个特定的技术来说，它的发展逻辑是由它存在其中的技术体系（即广义的技术）决定的。

（4）技术的发展存在着普遍性趋势（技术趋势），即"通过同心圆传播技术"的理论。

（5）技术体系一方面代表技术发展的某个或长或短的阶段；另一方面，可以使技术与人在其他方面的活动之间的关系形式化。一个技术体系构成一个时间统一体。

借此理念，本书以下将针对中国建筑技术的发展现状，逐一提出问题，而后从匠学传统的断裂、技术传承、技术转移等方面展开进一步的论述。

1.2 多元化背景下当代建筑技术的再认识

1.2.1 传统的建筑技术理念

长期以来，人们常常认为建筑技术是建造工具或手段，技术与建筑的关系就是"手段—目的"。这种思想也许可以追溯到古罗马维特鲁威在《建筑十书》中提出的建筑的三大要素：美观、实用、坚固。即建筑师或建筑工匠以实用功能为目的，以美观为形式，利用各种材料和工具，按照一定的结构，遵循一定的构造法则，将房屋建造出来。这种建筑思想或多或少受到古希腊亚里士多德四因说理论的影响，因为古罗马全盘继承了古希腊哲学，维特鲁威也同样会受到古希腊哲学的影响。在被西方建筑界奉为经典的建筑理论著作《建筑十书》中，记载和论述了大量古罗马时代的建筑营造法式和利用工具、机械的制造技术。技术成为营造建筑的手段，技术依附于人而存在，技术与建筑的关系也就演变成了"手段—目的"的关系，这一思想在西方两千多年的建筑传统中一脉相承，一直渗透到现代主义建筑思想中，如从伊尔·沙里宁提出的"功能、结构（技术）、艺术（形式）"三因素理论中，我们仍然能辨别出四因说的痕迹。

这种目的与手段的技术思想，建立在技术对人类生活的"有用性"原则之上。为了满足人们对建筑提出的不断发展和日益多样化的需求，地球变成了原料，人变成了人力物质，世界被物质化、齐一化和功能化了。最引人瞩目的是 19 世纪工业革命以后现代技术的发展，现代建筑经历了三次重大的技术革命[15]。第一次是材料技术和结构技术革命，第二次是设备技术革命，第三次是信息技术革命。经过这三次技术革命的发展，人类对自然的"限定"和"强求"一次比一次表现得更为明显。特别是随着材料、结构、设备和信息技术的发展，人们能够轻易地突破自然的限制，获得比传统工艺更大的自由，达到沙里宁所说的那种美好："用我们的技术，我们可以做出人们从未梦想过的东西。"但是这种自由在某些突发事件干扰之下就会显得过于苍白，如 2003 年，一场非典疫情就将建筑的中央空调系统置于非常尴尬的境地；同年 8 月，纽约停电事件更体现了城市脆弱性的一面。可见，技术给人类带来进步的同时，也带来了许多副作用。一味向大自然索取，而毫不顾及这种过度索取对自然产生的严重后果，最终只能使人类陷入无家可归的状态。

1.2.2 对当下多元化建筑技术理念的反思

在对现代建筑技术的反思过程中，建筑技术理论愈发多元化，如高技术论、低技术论、中间技术论、多样技术论、适宜技术论等等。与现代工业技术相比，这些理念更加关注环境问题与发展问题，对现代工业技术的态度更加理性而务实，在利用现代技术解决地方问题的同时，充分发挥传统技术的潜力，虽然某些观念还存在偏颇和争议之处，但都是对现代工业技术所造成的恶果的反思与超越。在具体的应用过程中，各种技术各有偏重，有些可解决不发达地区的发展问题，有些可解决全球生态危机问题，有些可解决资源短缺问题等等，它们互为关联，相互影响，不同国家、不同地区可以根据各自的具体情况（气候条件、经济条件、人文传统等），选择适合本国、本地区的技术路线。如为了建造环境与效率兼顾的建筑，德国常常使用高科技的手段与设备来保证一定的使用效率；北欧一些国家则主攻发展共生的生态技术、低技术，采用一种自然的技术对策，尤其在一些地狭人稠、环境恶劣的地区，更是不遗余力地推进生态技术的措施。

当前，技术扮演着愈来愈重要的角色，科技成果的层出不穷造就了技术手段的日新月异，技术的体系、派系甚多。在眼花缭乱之际，建筑师切不可忘却技术这一"代具"的本质。目前，技术呈现多层次交叉发展的格

[15] 覃力. 现代建筑创作中的技术表现[J]. 建筑学报, 1999, (7): 47-52.

局，针对某个具体项目的具体需要，采用的技术可能不是单一的技术类型，而是不同层次不同类型的技术要素按一定组织方式构成的复合技术系统。譬如，现实中许多外表很高技的建筑可能蕴含了许多较低技术含量的成分，而一些外表显得很平淡、所谓低技的建筑却需要极高的工艺水平方能实现；而且，在同一建筑类型中，可能有先进的智能技术，也有比较原始的地方传统技术。

以往认为要么是"高技术"，要么就不是"高技术"，其他词也一样，但现在那种非此即彼的二元逻辑已经行不通了。时下各类技术之间的界限变得更加模糊了，但我们也不能简单地把这种既"是"又"不"、既"接受"又"拒绝"、既"肯定"又"否定"的态度看作"狐狸策略"。如"适宜技术"（Appropriate Technology），最早由诺贝尔经济学奖获得者 Atkinson 和 Stiglitz 在 1969 年提出，其本意是 "Localized learning by doing"，也就是地方性的边干边学，说明发展中国家和地区不能一味地照搬和模仿发达国家已经用过的技术，而应探索适合自身条件和发展的道路。可以说，"适宜技术"并不是一种技术类型或一种特定的手段，而是一种互动的技术系统，从这种意义上来讲，它更像是一种技术的设计策略。但国内不少建筑师却将其看作"万能胶"，一会儿将其与地域化挂钩，一会儿又将其与绿色、可持续发展、生态化等概念硬扯在一起，在似是而非中建筑技术成为无所不包的大杂烩，诸如此类的"狐狸策略"应引起大众的警惕，以防建筑技术理论走向泡沫化。

正如上文所述，技术不是单纯的工具和手段，而是一种技术展现的方式，任何手段被纳入技术，只是因为该手段的运用适合于技术已经开辟的世界。所以说，技术自身并无"高""低""中间""适宜"等区别，关键在于技术与人契合的过程中技术所展现的方式，即在一定的技术环境背景下，以恰当的方式展现出来；而且，由于侧重点不同，技术在展现过程中表现出的风格各异。正如彭妮·斯帕克（Penny Sparke）在她的《设计顾问》一书中所指出的："德国以科学之名销售设计，意大利以艺术之名，斯堪的纳维亚以工艺之名，而美国则以商业之名。所有这些国家的设计概念在战后激烈竞争的市场环境下都是必要的战略。而设计师的角色则是帮助发展设计战略，使其产品在市场中占有一席之地。" [16] 殊途同归，尽管不同时期、不同地区技术展现的方式迥然不同，但技术发展的趋势是必然的。

[16] 易晓. 北欧设计的风格与历程[M]. 武汉: 武汉大学出版社, 2005: 27.

换言之，地区建筑有一个技术性的核心和一个民族性的外瓢[17]。因此，我们必须在技术发展的一般趋势以外去寻找这些多样性产生的原因，进而采取相应的技术对策与措施。

此外，只有通过人的参与，技术的展现才成为可能。在选择和应用技术的过程中，人的作用是毋庸置疑的，但问题的关键在于，人是被动地去选择技术，还是主动地去选择，乃至去推动技术的发展，这点需要引起国内建筑师的重视。国内建筑师的培养往往重形式而轻技术，缺乏对建筑技术及相关学科先进技术的动态认识，建筑师自身的技术知识储备不够。因而，在建筑设计过程中，建筑师对"生态"技术、"绿色"技术、"智能"技术等类的话题谈论较多，但具体到实际操作时，则限于种种原因，尽量将技术的处理推给其他工种，被动地接受其他工种对技术的控制。可以说，建筑师比较关注的是建筑形式的技术性，除了形式的需求必须要交代的构造外，很少做具体的构造创新设计，习惯于依赖各地区、各部门的建筑标准图集，甚至将一些具体的做法推给生产材料的厂家来提供。这是目前另类形式主义——伪技术风盛行的主因之一，这种打着技术的幌子的另类形式主义对我国建筑业的发展起着潜移默化的破坏作用。此外，我们还需要注意的是，当前境外建筑师队伍鱼龙混杂的现象也比较普遍，设计水平参差不齐，不少建筑师也存在着追新逐异的倾向。为了在中国赢得最大限度的经济效益，一些建筑师甚至搬出多年前的存货或其他地方被淘汰的方案，这时，技术的商业性色彩往往较浓，缺少一些思考的厚度。这更需要我国建筑师能够辨别良莠，提高自身的技术修养，在反思我国一些优秀的技术传统的同时，又能对外来技术加以区别，批判性吸收、转化与创新。

1.2.3 对我国建筑技术（体系）发展现状的再认识

目前，中国正处于积极引进国外先进技术的历史发展阶段，通过一些国际招投标，国内不少城市的一些重要的或标志性的建筑项目积极引进了西方先进的建筑技术，并付诸实施，如国家大剧院、央视新办公大楼、上海金贸大厦等，这些特例工程的出现无疑是对我国建筑技术水平的一次极大提升，但在这些"特例"的背后，我们会发现许多"特殊工艺""特殊材料""特殊流程"，甚至"特事特批"等现象，正是源于这些"特"字而使得许多先进技术只能应用于少量的"典型"之中。与此相对照的是，

[17]　贝尔纳·斯蒂格勒. 技术与时间——爱比米修斯的过失[M]. 裴程, 译. 南京: 译林出版社, 2000: 62.

作为大量的普通建筑所选择和应用的技术也实在是太普通甚至太将就了，不少人住着新房子还怀念着过去的老房子，惦记着其种种好处。如从技术层面上看，过去不少泥墙草顶的老宅子具备天然的冬暖夏凉之效，而且费用也不高。更值得一提的是，当建筑使用寿命到期后，无需烦琐的降解处理，就自然而然地回归到大地，这颇有点当今"生态建筑"的味道。当然，我们并不是鼓励建筑师完全放弃现代技术，回到最初"毫无技术、一任天然"的自然状态。对当代建筑技术状态而言，无论在环境、材料、能源、技巧、工具，还是在技术实施的步骤、技术中的合作、工作程序等方面，都显示出与传统技术截然不同的特点，因此，我们不可能、也不需要去完全复制传统。

那么，我国那些优秀的传统技术到哪里去了？为什么西方先进的技术不能在中国普及呢？

在笔者看来，这是因为中国建筑技术体系正在经历与过去的决裂。从近代中国的"体用之争"开始，直到今天，中国在社会、经济、政治和意识形态上发生的一系列大规模的断裂现象使我国建筑技术体系一直处于"永久变革状态"。因为中国现代意义上的建筑技术是"外发次生型"的，而现代建筑技术是建立在日益频繁和持续革新的基础上的，其结果就是中国建筑技术出现了器物、制度与观念的离异，或者说，出现了技术事物（器物）进化节奏、技术制度进化节奏与技术观念进化节奏的离异，这就产生了超前与落后，它们之间的张力造成当前中国建筑技术体系的种种"不适"，它们的混合到了如今断裂的程度。正如庸格所断言的那样，时代超越了时间之墙，也就是指速度先于时间而在[18]。超越时间之墙所引起的剧烈震荡，使得中国当前建筑技术的发展始终处于一种亢奋与不安的混沌状态。对此现象，清华大学秦佑国教授曾指出，"中国建筑在工艺技术上一方面丢失了传统手工艺，一方面现代工艺又没有进步，我国建筑到了一定要变革基本技术体系的时候了。"[19]

当然，虽然有断裂的一面，可我们不能忘记还有延续的一面。传统的建筑技术有可能传承的，也有不可能传承的。一方面，新技术层出不穷，一批老化过时的东西不可避免地被淘汰，现存的技术因被超越而被变得老化，由它产生的社会环境也因此而过时——人、地区、职业、财富等等一切，

[18] 贝尔纳·斯蒂格勒.技术与时间——爱比米修斯的过失[M].裴程，译.裴程译.南京：译林出版社，2000：18.

[19] 秦佑国. 中国建筑艺术需要召唤传统文化[N]. 广东建设报，2004-06-18（B02）.

或适应新技术，或随旧技术而消亡，别无其他选择；而另一方面，我们又会发现，由于经济、政治、文化等方面的原因而保留的已过时的技术也是常见的。这就涉及技术转换的问题，特别是在技术革新愈来愈频繁的今天，就必须要不断地解决好技术转换问题（如传统技术的创新与外来技术的转移等）。

毋庸置疑，我国目前建筑技术的总体品质较低，各种技术层次的技术并存，仍处于粗放型的发展阶段。面对"断裂""传承"与"转换"这些老生常谈的问题，我们有必要将断裂与形成断裂的延续背景分开来看，明确我们这个时代发生的断裂与其他历史时期，以及其他国家不同的历史时期相比有何独特性。在此基础上，本书将站在一个职业建筑师的立场上，从技术体系与技术趋势的角度，选择技术器物、技术制度（不同于一般的建筑制度，主要着眼于与技术直接相关的制度、规范等）、技术观念以及技术活动的主体——人作为切入点，针对我国建筑技术体系所出现的匠学传统断裂的现象，分析问题，结合大量的案例，提出相应的传承与转换的技术策略与措施，以此考量中国现代建筑技术发展的总体趋势。

在分析与解释技术的断裂、传承与转换这些问题的时候，本书借用了哲学上的"技术事物""技术趋势""技术体系"等概念（上文已经有所提及），以便更好地释义。

"技术趋势"强调建筑技术的发展存在着一个普遍趋势，不同地区、不同民族彼此相隔很远，甚至没有任何接触，但可能有相类似的技术形式或建造方式，即"通过同心圆传播技术"的原理，这意味着我国某些优秀的传统建筑技术别国也可能早就具备了，如框架的结构形式、干作业的建造方式并非我国古代独有。在技术性的核心之外，作为器物的技术事物的表现形式却是多样化的。因此，我们对待技术的态度应该是：无论是外来的还是本民族的，只要对一个民族的现状来说是可以接受的或是需要的技术，就应积极地加以利用，不应纠缠于"自己的"或"外来的"之争。

"技术体系"是一个由物体、装置和程序组成的协调整体，即一个技术群体。孤立的技术是不存在的，一个技术体系构成一个时间统一体，不同的体系是并存的。如我国古代的建筑技术，直至清朝末期都是一个稳态的技术体系，后来随着外力的作用，原有的平衡被打破，断裂也由此而生，技术体系的转换也势在必行了。这也提醒我们，对技术进行体系化思考，仅靠器物层面的分析是不够的，单纯的技术传承或转移往往事倍功半甚至徒劳无益，我们需要致力于器物、制度和文化层面的总体性转换，否则，我国建筑技术的发展只会越来越边缘化。

1.3 本章小结

本章首先回顾了相关技术理念的历史演变，在此基础上，对多元化建筑技术的发展现状进行考察与反思。其中有几点是值得我们思考的：

（1）技术本身并无"高""低""中间""适宜"等区别，关键在于技术与人契合的过程中技术所展现的方式，即在一定技术环境的背景下，以恰当的方式展现出来；由于侧重点的不同，技术在展现的过程中所表现出的风格各异。

（2）我们必须在技术发展的一般趋势以外去寻找这些多样性产生的原因，进而采取相应的技术对策与措施。

（3）无论是外来的还是本民族的，只要对一个民族的现状来说是可以接受的或是需要的技术，就应积极地加以利用。

（4）当前，在我国建筑技术的发展过程中，技术制度与技术观念层面的屏障作用越来越明显。

历史有什么用？……历史可以用来解释变化的事物。

—— 马克·布罗克

仔细研究一根 18 世纪的英国缝衣针，就可以通过它的形状、材料和它展示的技能了解到这一时期英国的技术状况。[1]

—— 贝特·西蒙登

打开古今中外的建筑史，才能在互为参照的情况下描述中国建筑工艺自身的特征。

—— 佚名

2　构成与演进

2.1　技术——器物

在建筑学中，技术的主要表现为"设计媒介的技术"与"建筑建造、运行的技术"。具体地说，直接应用于建筑学中的技术主要分三类：第一类应用于建筑师的工作过程，是建筑师将设计对象"模型化"的技术，即建筑设计媒介技术；后两类应用于建筑师工作的目标——建成的建筑，其中一类是关于建筑材料的，包括所有与建筑材料的结构型式和构造方法相关的技术；另一类是关于建筑系统的，包括所有与建筑特定的功能和服务系统相关的技术[2]。

[1] R.舍普,等.技术帝国[M].刘莉,译.北京：生活·读书·新知三联书店，1999：20.

[2] 张利.信息时代的建筑与建筑设计[M].南京：东南大学出版社，2002：8.

2.1.1 "器物之利"——设计媒介技术

"工欲善其事，必先利其器"（《论语·卫灵公》）。对建筑师而言，所谓的"器物之利"就是建筑师将设计对象"模型化"的技术，即设计媒介技术。在建筑物落成之前，建筑设计的信息依赖于建筑设计媒介进行表达和传递。

1）由物质化向非物质化转变的设计媒介技术

设计媒介一般分为语言、文字、图形、符号、模型（包括实物）、技艺传承[3]。纵观建筑发展的历史，从古代到近现代，建筑设计媒介的发展过程可大致分为三个阶段，即经验化的术语媒介、理性化的图形媒介和数字化的全息媒介。在建筑实践中，不同时期、不同地域的建筑设计媒介往往不尽相同，而且各媒介之间也互有交汇，相互补充，而非严格的一一对应关系。

在前工业时期，早期的建筑师或者说是掌握一定技术的能工巧匠们往往具有一种"完人"的特征，他们几乎了解所有的与建造相关的细节，并实践着一种早期的全体性的设计方法。在中国，古时候的梓人就是典型的例子，正如《梓人传》所载："吾善度材，视栋宇之制，高深、圆方、短长之宜，吾指使而群工役焉。舍我，众莫能就一宇。"意思是我擅长审度木材，根据房屋的建造式样以及高深、圆方、短长的需要指挥调度，让众多工匠照着去干。离开了我，这些工匠就不能建成一栋房子。

在这一时期的建筑设计中，由于设计媒介的局限性，单一的媒介往往不能表达和传递复杂的信息，需要术语、经验型规范、烫样和简单的图例等相结合，而且各种设计媒介还常常需要在匠师们的解读、操作与现场指挥之下才能得以实现。在中国，自汉代初期就已有图样，隋朝已使用百分之一比例尺的图样和模型，而且将中央政府制定的标准设计图样颁布给各地，让各地按标准图样施工建造。到了清代，样式雷的设计施工图还大量运用透视原理、投影原理和图层原理，使用了比较先进的绘图技术。但从总体上讲，图形媒介表达还相对较弱，仅仅靠这些图样而没有营造法式、工程则例等建筑术语化的标准体系和工匠的工艺范式，建筑难以建成。因此，在这段时期，设计媒介还是以经验化的术语媒介为主，辅以一些简单的图例，

[3] 秦佑国. 建筑技术概论 [J].
建筑学报, 2002（7）: 5.

并在匠师们的现场操作与指挥之下才能得以实现，技艺传承也要靠匠师们的言传身教才能得以延续。

到西欧文艺复兴时期，透视学、投影几何、画法几何等方法的使用给图形媒介的表达提供了有力手段，尤其是工业革命以后，严格意义上的工程科学开始确立，出现了将设计建立在科学计算基础上的现代土木工程师，促进了图形媒介向理性化方向的发展，设计信息表达的精确性和传递的方便性也得到进一步彰显，在设计过程中，图形媒介的作用得到进一步提升。但是，建立在投影几何基础上以纸为介质的二维工程图纸，难以表达复杂的不规则的三维空间和形状，且手工制图效率低，这些客观条件限制了建筑师自由表达的能力；同时，建筑师的设计思路和过程逐渐形成"先设计平面，再'竖'立面，再'切'剖面"的模式套路，设计人员与非设计人员之间的交流则主要靠建筑渲染画，必要时还需提供一定的比例模型，这给人们带来一种"建筑设计"就是"图案设计"的错觉，如 1925 年 5 月 13 日，由当时的"总理葬事筹备委员会"通过并公布的《孙中山先生陵墓建筑悬奖征求图案条例》，1926 年 4 月中旬由当时的"建筑中山纪念堂委员会"登报悬奖"征求图案"等等[4]。在当时的中国，设计过程中常常出现"图案设计"定"设计方案"于"生死"的现象，它在一定程度上影响了我国早期的设计专业人员对理性化图形媒介的引进与运用，同时这也是西方学院派建筑教育体系日后在中国得以扎根乃至发展至今的重要原因之一。

20 世纪 60 年代后，随着计算机技术、网络技术的迅速发展，世界开始走进信息化时代（即西方发达国家常称的"后工业时代"），信息化带来的变革展示出几乎与工业革命同样的威力，以计算机为核心的信息技术在建筑领域再一次掀起风暴。与以往的设计媒介相比，数字化的全息媒介包含了绘图、影像、模型、动画、多媒体整合、自由形体技术与虚拟实境等，它摆脱了以往以纸质为主的二维表达的束缚，为设计构思到建筑形成乃至以后的运行，提供了全方位、精确而又直观的声像信息，具有无与伦比的精确性、可控性、瞬时性、智能性等优势，已经成为左右建筑师工作设计的一个重要因素。

不过，数字化的全息媒介技术也是一把双刃剑。一方面，建筑师可以利用先进的数字化设计媒介，自由地表达出想象的复杂的三维空间与形体，

[4] 李海清. 中国建筑现代转型 [M]. 南京：东南大学出版社，2004：233.

轻松地突破工业时代材料与建造技术的限制，通过逼真的虚拟现实技术与网络的传递能力，颠覆了传统意义上的空间与时间概念，可以很便捷地融入建造的全过程中，带来了建筑形体与空间的空前解放。如美国建筑师弗兰克·盖里引进了航空工业设计软件 CATIA 及其他一系列电子技术，在方案设计阶段实现了手工与 CAD （Computer Aided Design, 计算机辅助设计）、CAM（Computer Aided Manufacturing, 计算机辅助制造）技术的互动；然后在 CATIA 软件的统一平台上，将建筑、结构、机械、通信等所有专业的施工图都转化为三维的图形和数据信息，使其彼此有机地链接在一起，以确保各系统在建筑空间中的紧密协调和精确定位；最后，以虚拟现实作为平台实现施工信息交流，最终成功地设计并建造出西班牙毕尔巴鄂古根汉姆博物馆、美国西雅图音乐体验博物馆、洛杉矶瓦尔特·迪斯尼音乐厅等具有复杂空间与自由形体的建筑[5]。此外，利用数字化的全息媒介，建筑师还具备了把握与掌控全局的能力，他们也似乎捡回了丢失很久的主导地位，重新成为一个"完人"。另一方面，相比以前媒介（如大量的二维图形）的艰涩难懂，数字化的全息媒介技术提供了一个全新的信息交换平台，有助于一般人去理解建筑设计。非设计人员也可运用各种各样的图示、描述等方法反映他们的设计意图，并以多种方式参与到建筑设计中来，甚至可以借助人工智能的发展，来完成一些他们心目中所谓的"专业设计"，这使得建筑师的角色变得模糊起来，建筑师似乎又有被边缘化的危险。在此背景下，有些建筑师为了强化自己长期垄断设计知识的地位，利用数字化媒介技术去追求视觉上的冲击力，进一步强化图形表达的能力，去迎合大众的消费，将设计表现的技术演变成设计的目的，沉湎于设计媒介的应用中，而忽视了媒介技术在思考、推敲和理解建筑过程中所起的作用。

星野芳郎曾经形容机器文明是一个"将复杂物变为单纯物，再把单纯物变为复杂物的过程"，那么，处在信息时代的建筑师是否也如此呢？他们有时也会将设计的媒介技术拘泥于设计过程中的某一方面，而忽略了其他方面，这显然违背了实际过程的真实状态。

2）两种倾向

借助数字化媒介技术，建筑师在建筑设计过程中有了较大的自由度，让原本不可能的事变成了可能，可以将无法想象的建筑形态呈现在我们面前，这带来了建筑形体与空间的空前解放。但是，在具体应用的过程中，

[5] 朱涛. 计算推进建筑革命. [EB/OL]. https://www.doc88. com/p-499333897208.html, 2012-07-11

计算机所扮演的角色却有很大区别，代表着两大发展趋势，取决于设计概念的主要起点是计算机，还是设计概念由人发展完备后再转向计算机。彼得·埃森曼和弗兰克·盖里代表这两种极端，通过计算机，埃森曼在找寻不确定的过程，盖里则将理念转为物理现实，打造出最终设计特征鲜明的作品[6]。

（1）将理念转为现实的过程

建筑学的传统设计方法是建筑师从事"设计"，利用各种设计媒介进行思考、表达和传递，对于建筑师来说，设计媒介技术只不过是便于实现其"概念"的手段。长期以来，建筑师受制于二维的绘图工具去表达三维的建筑空间，虽用尽各种工具来完善图形媒介，但在很多情况下仍达不到建筑师所想象的理想"概念"。而计算机的出现则给他们提供了便于实现的手段，CAD、Photoshop、3Dmax、SketchUp 等软件的出现，只不过是原有技术手段的拓展和延伸，因为概念的生成与计算机并没有必然联系，没有产生本质上的变化。

制作出一系列手工模型，进行多方面的评估

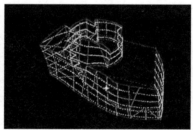
将三维点状信息转化为计算机中三维点状信息

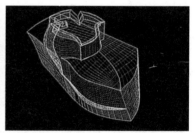
将三维点状信息整理为三维建筑表皮信息

将信息输出到三维数控铣床，制作出实体模型

针对实体模型进行评估、修改、再扫描、再在计算机中进行分析、修改……如此循环往复

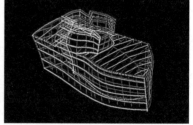

以弗兰克·盖里为例，很多学者喜欢将弗兰克·盖里归在"数字建筑师"这一类别中，但盖里强调他绝不是用计算机做设计，计算机表达出来的意象令想法枯萎。他的设计是在草图上寻觅的一种过程，他在草图纸上打稿，希望能找出心目中的建筑，有如雕刻家刻进石头或大理石中，边刻边思考

图 2-1 手工与 CAD、CAM 技术的互动

[6] 俞传飞. 分化与整合——数字化背景（前景）下的建筑及其设计 [D]. 南京：东南大学，2002: 139.

如何赋予石头生命。计算机（如软件 CATIA）只是按其旨意将草模型解读为精确的数据，营造厂家因此可搭配另一种软件 BOCAD，精准地估价及施工 [7]。对他来说，计算机并不曾创造那些曲线，仅仅是个帮助他画出那些线条的工具而已。因此，尽管盖里也利用电脑，但他还是一个手绘建筑师，他以传统的方式思考，提出其概念，然后再运用电脑帮助整理思路，完成以前那些"不可能完成的任务"（图 2-1）。

弗兰克·盖里利用计算机实现了他所想象的任意形体，但是，在那曲面化的表皮下，一些建筑性能有时还显得不尽合理。因此，不少建筑师在解决了"能够实现"的前提下，开始进一步去探索怎样去"更优化地实现"，英国建筑师诺曼·福斯特就是其中之一。

图 2-2 德国议会大厅的穹顶设计（上图为穹顶设计的演变过程。下图方案提出了充分利用自然通风和采光，并结合同时发热发电及热能回收的尖端技术系统。）

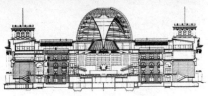

[7] 墅城会.建筑界的毕加索 [EB/OL]. https://www.sohu.com/a/300605301_696292, 2019-03-12.

[8] 朱涛.计算推进建筑革命. [EB/OL]. https://www.doc88.com/p-499333897208.html, 2012-07-11

福斯特事务所借助特定的计算机程序，通过严谨的数学公式生成各种几何形式，对其进行理性的评估、筛选；在确定一类几何形式后，他们通过计算机对该形式的各种几何参量进行反复微调，并不断测试该形式所具备的建筑物理性能，最终得到一种新颖的、物理和美学性能俱佳的形式 [8]。相对于盖里所处理的层次复杂的建筑表面，福斯特的作品由于几何逻辑严谨清晰、外观简洁优雅，往往让人忽略其实际建造过程中的复杂性。而且，要有效地将形式逻辑的严谨性和实际建造的复杂性整合起来，没有强大的计算机图形分析能力和数控制造技术的支持是根本不可能的（图2-2）。

（2）找寻设计概念的过程

通过计算机的运作来找寻主要的设计概念，也是当前一些建筑师的工作方式之一。当然，这不是说让建筑师直接从没有任何建筑知识的计算机里找到设计的概念，而是在给出必要数据的条件下，计算机对数据进行智能化处理，做出一些基本的判断，然后，建筑师直接从计算机里提取设计的概念。尽管如此，让计算机来帮助建筑师"设计"，而不仅仅是"绘图"，这种设计方法还是对传统建筑学提出了挑战。

作为西方解构主义派的代表之一，彼得·埃森曼就十分推崇这种新的工作方式。解构主义派认为以往任何建筑理论都有某种脱离时代要求的局限性，不能满足发展变化的需求；他们重视"机会"和"偶然性"对建筑的影响，对传统的建筑观念进行消解、淡化。在此影响下，他开始找寻全新的工作方式来颠倒、改变建筑的经典模式。计算机设计的迅猛发展则为埃森曼的建筑实验提供了契机。在与塞林考德的访谈中，埃森曼强调了电脑对于他的重要性，它使原本不可能的事变成了可能，将无法想象的建筑形态呈现在我们面前。一些潦草的想法一旦经过电脑软件的处理就会逐渐完整起来，电脑会以令人惊讶的方式去配制一套想象之物，这在70年代之前以手工绘图的时代是不可想象的 [9]。

埃森曼直接从电脑里获取设计概念，也可以理解为电脑对其初步的想法进行了数字化处理，电脑做出了一个基本判断。但是，不管怎样说，电脑从单纯的"绘图"工具转型为"能设计"的帮手，这本身就是一个质的突破。更有人推测，随着人工智能的发展，电脑或许会成为"数码智能建筑设计师"。不管这种猜测是否能够实现，关键的是建筑师怎样去面对这种变化。从这个角度来说，意大利建筑师克里斯蒂诺·索杜教授开创和发展的生成设计方法（Generative Design Approaches）也许走得更远些。

建筑生成设计法的最大特点就是在于它运用不断生成的具有基因性质

[9] 南风窗.彼得艾森曼的解构主义建筑：建筑可以很哲学的[EB/OL]. https://news.sina.com.cn/c/2005-02-23/16315917023.shtml, 2005-02-23

的编码来建构一个开放的形象结构体系,使计算机真正成为一种设计工具,帮助建筑师提高建筑设计的创造与表达能力。事实上,基因只是一个比喻。在生物世界里,各种不同的基因组合可以产生无穷多的生命现象和生命体。生成设计则试图找到一种可以产生无穷多形式的基因编码,而这样的编码可以通过计算机进行处理,从而得到各种各样的设计形态[10]。换句话说,采用生成设计法生成的设计作品就像有一个人工的 DNA,每一件设计作品都会被认知,因为它们都带有"基因"的印记,那就是设计者的思想。

目前,在计算机辅助设计领域中有两种常见的设计方法:参数设计法、随机形式法。生成设计法与它们相比有很大的不同。

参数设计法是使用参数工具来产生和控制设计形态,运用过程在很大程度上局限于有设计模型的物体尺寸或几何变化。参数设计的部件不是被生成的而是被描绘出来的,其复杂性在于不是通过增加而是通过整合而成,参数设计在可能有约束条件的变体参量下仅能产生被程序化的变化形体。运用生成设计法进行工作时,虽然每一个三维的物件也要采用参数设计法来进行设计,但是,参数的建立仅仅是系统结构中的元素之一,该系统结构可以产生无可穷尽的形象表现场景,这些对象都具有理想基因编码的特征。所以说,生成设计法不是一个最终结果,也不是一个堆积对象或者形式的数据库,而是一个设计行为模式的开放矩阵,这个开放矩阵会把存在于世的东西转换成未来可能看得到的样子[11]。

随机形式法也有不少人拿它做实验,让计算机随机产生许许多多的建筑形式,建筑师在这些建筑形式中做出选择。但是,这种方法忽视了生成过程的主观目的性,而只把它作为一种如何进行挑选的方法。因此,随机产生的不可预测或者令人惊讶的形式,在实际条件的制约下,许多都无法被采纳或利用。相比之下,生成设计的过程就像人工生命系统的演化过程,不可预知性并不是固定在随机形式之上,而是与系统运行的人工生命相关联。人工生命愈是复杂、愈是不可预知,伴随着不同时间的演化,就愈是能够从和谐编码的庞大矩阵中激发出令人激动的答案(图 2-3)。

从某种程度上讲,建筑生成设计法具有一定的"超前意识",对建筑设计的未来发展具有特别重要的意义。

[10]　百度文库.从基因到设计 - 索杜教授和他的生成设计方法.[EB/OL].https://wenku.baidu.com/view/f75766607b3e0912a21614791711cc7931b778d2.html?_wkts_=1693399007690&bdQuery=从基因到设计 - 索杜教授和他的生成设计方法.

[11]　克里斯蒂诺·索杜.刘临安.变化多端的建筑生成设计法[J].建筑师,2004(6):37-48.

图 2-3 克里斯蒂诺·索杜借助于计算机生成的美国中央发展银行设计方案

2.1.2 "器物之用"——应用于建筑师工作目标的技术

"埏埴以为器，当其无有器之用。凿户牖以为室，当其无有室之用。是故有之以为利，无之以为用。"（《道德经》）。作为一种人工性的物态化的器物，建筑也是通过实体的围蔽，实现人类所需求的建筑空间。具体到建筑学领域里，关于建筑实体的技术常常归为两类，一类是关于建筑材料的，包括所有与建筑材料的结构形式和构造方法相关的技术；另一类是关于建筑系统的，包括所有与建筑特定的功能和服务系统相关的技术。

简而言之，围蔽建筑空间的实体由建筑材料所承载，材料与形式结合的过程，是材料的潜能转化为实体的现实过程。在建造的过程中，材料改变了其外形及性质，转化为另一种物质形态的成品，以达到"用"的功能要求（用户要求 + 自然条件）。但它与一般器物不同，建筑的实体除了抵抗重力和与之相伴的物理因素的影响外，更重要的是，其物质的实体在人和自然之间进行调节，起到调节气候和能量交换的作用。

1）分化与整合——建筑技术的发展历程

在人类最初的建筑活动中，人们所能运用的材料是树枝、石块、泥土等较为原始的自然物，这些原始的自然物通过人们的改动，被赋予了原来所没有的含义，它们在被加以利用、改造、设计的过程中具有了建筑技术上的意义。在漫长的文明社会中，不同地域的人类运用各种地方材料，借助人们对力学的经验认识，发展出多种成熟的建造体系。如中国的木构建筑体系和西方不少国家的砖石建筑体系。建筑实体开始出现层次的分化，产生承重的结构体系，采光、通风、取暖等简单的能量交换体系等。但是，受到材料、结构等技术的限制，建筑技术的发展始终处于较低水平和重复状态，限制了建筑实体的进一步发展。

近现代以来，新材料（如水泥、玻璃、钢材等等）、新结构（如钢筋混凝土结构、钢结构、悬索结构等等）及新的建造方法（如采用大量预制件、现场组装等等）的出现，给建筑的营造提供了新的手段，人类对自然的驾驭力越来越强。针对自然对建筑实体的制约，建筑实体分化为诸多子系统实体，如结构系统、空调系统、强弱电系统、智能化控制管理系统等，在建筑师的整合之下围合成为一个人们心中理想的第二自然，其综合性能类似人的身体机能，可以适应环境而进行自主性的调节。这时候，建筑师对新材料及其结构性能、采光、通风、温湿度调节等技术的把握，使建筑在高度、跨度、空间组织的灵活性上获得了极大的自由。同时，材料力学性能和构造工艺的结构表现也让建筑实体的表现力得到了极大的提高，技术美学也因此成为现代建筑的时代特征之一。

近年来，随着数字化技术的发展，设计与营造技术发生了质的改变，建筑技术很难像过去那样对各子系统进行机械的区分，子系统再次趋向整合，在协调、优化建筑整体性能的同时，共同发挥其作用。

2）对建筑"质"的需求

（1）隐匿与显现——材料性质的表现

不管什么样的建筑，都是通过把各种材料进行组合拼接而建成的，建筑展现在我们面前的面貌也就是各种材料组合在一起的面貌。从建筑发展的历史来看，材料与形式的有机融合一直是建筑设计的目标，它们之间的紧密联系也是一个成功建筑的必要条件之一。

在现代建筑发展之前，由于多种因素的制约，以砖、木、石材为代表的传统材料一般是就地取材，与手工艺联系较密切，设计师与工匠之间的区分比较模糊，匠师对材料特性的敏锐感觉直接影响了建筑实体的存在，建筑材料在忠实地显现建造逻辑的同时，也或多或少地寻求通过技术表现手段去表达匠师们的审美意象。材料与人的互动性较强，匠师直接与真实的材料打交道，很大程度上遵循"材尽其用、因材施法"的原则，对材料有恰当的"度"的把握，让建筑实体深深地烙上了他们对技术的偏爱。

工业革命以后，社会分工和机器化大生产的方式加剧了传统设计群体的分化，设计师成了"白领阶层"人士，"空间"成了建筑的第一要素，统领着形式、功能、结构三大传统要素，建筑实体为建筑空间服务，建筑材料被区分为不透明、半透明、透明几大类，它们在色彩、质感以及造型方式等方面的差异逐渐淡化，建筑材料渐渐消隐、藏匿到复杂的建筑空间背后。它主要表现为两种形式：

① 强调建筑的空间及形式，忽视了建筑材料的差异性。建筑师将建筑材料进行简化，甚至按照匀质的方式对建筑材料进行排列组合，将人们吸引到预设的建筑空间中去，如以理查德·迈耶为代表的"白色派"建筑师所设计的建筑，其空间非常复杂，而用材却相当简约（图2-4）。

图2-4 乌尔姆展览与集会大楼

②强调材料的视觉特性，建筑实体产生表皮化的布景效果。建筑师将建筑材料转化为背景图案，更多的是"因质施材"，关注材料的表现，有时还会出现有材料之"感"而无材料之"实"，如赫尔佐格和德麦隆所设计的尼克拉工厂和仓库，其透光的外墙面板使用丝网印刷的方式印着重复的图形，从里面看，这个面板产生了窗帘的效果——像织物似的。这是材料产生出难以置信的表皮化效果的典型例子。久而久之，建筑师就日渐远离了与"真实"材料的交流，而更多地从视觉上表达建筑的形式，建筑材料成了视觉感受的材质贴面，尤其是数字化技术的发展，不少建筑师开始习惯于从视觉上去感受"虚拟材料"。显然，这种间接的、虚拟的设计方式在助力建筑师可以前所未有的、任意挥洒材质表现空间的同时，也削弱了建筑师对材料的直接感知力（图2-5）。

图 2-5 尼克拉工厂和仓库

此外，由于不同的材料具有不同的力学性能和艺术表现力，新结构、构造技术的发展和新型材料的出现往往也是密不可分的。从力学、材料学等现代科学方面寻求灵感，越来越成为现代建筑创作的另一潮流。如混凝土的朴素粗犷、玻璃的通透晶莹、金属的光亮纤巧、膜的洁白轻盈，都是建筑师手中富于表现力的素材。

（2）约束与自由——建筑结构与构造技术对设计的影响

形式作为现实便是将潜在的质料转化为现实的存在，因此"器"取之于"土"而不能称之为"土"，关键在于捏土造器这一转化的过程。作为器物的建筑也是一样的，建筑结构与构造技术主要是解决选择什么材料去"捏"（what）、怎样去"捏"（how）的问题。因此，建筑结构与构造技术也可以说是与建筑材料的结构形式和构造方法相关的技术。对建筑师而言，首先要重视结构体系的设计。每种结构体系有其各自不同的形态，结构形态受力学原理的支配，合理的结构形态是力学规律的真实反映，根据空间需求和环境条件合理地进行结构选型是建筑设计的重要组成部分。其次，借助构造技术对建筑的整体性能进行完善。构造技术在忠于结构形态的同时，对建筑整体性能的提高有相当大的影响，同时各种构造的细部也是建筑获得艺术表现的重要手段之一。在这过程中，建筑师必须遵循重力和与之相伴的物理学，充分挖掘建筑材料的结构形式和构造方法的美学潜力，达到劳德·佩罗所声称的"实在美"[12]。

在早期的建造活动中，由于受可供选择的材料和人们对力学原理的认识的限制，人们只能遵从简单的力学形式，适应功能的需求，按照自己的感觉来分配建筑材料。这时期，建筑结构的发展比较缓慢，它们在形式上不断被提炼，逐渐被附加的装饰所丰富，但演进的过程大体上还是建筑工艺方法的写照和直观体现。而一部分源于建筑功能需求或者是工艺所需的建筑构造技术，在建筑发展的过程中逐渐丰富，演化为纯装饰性的构造形式。总的来说，建筑的空间形式大大地受制于结构技术，建筑师创作的自由度不大。

工业革命以后，随着新材料的出现与理性结构力学的建立，人们在建筑的形式与空间上获得了从来没有的自由度，结构体系的选择对建筑形式及空间的影响愈来愈明显。许多现代建筑大师都开始强调建筑结构与构造因素，结构与构造形式的真实表现也成为现代建筑的主要原则之一。尤其在高层与大跨建筑的设计中，建筑师往往首先考虑的是用何种结构形式去突破力学的限制，然后再决定用何种建筑材料去围蔽各种建筑空间。在这过程中，建筑的形式与空间体现了人类不断突破自然的约束，追求建筑表现的自由。因此，尽管"9·11"的阴影尚未远去，不少国家和地区还是争先恐后地建造世界第一高楼，不断地去突破人类在建筑高度上的限制。

（3）被动与主动——建筑系统技术对设计的影响

建筑系统技术包括所有与建筑特定的功能和服务系统相关的技术，这些技术在人和自然之间起着调节气候和能量交换的作用。它的存在使建筑从静态走向动态，成为一个"类生命"的有机体、"活着"的器物，这正是"建筑"之所以成为"建筑"的最重要的原因之一。

为了使建筑室内的微气候适应人类的生活，人们不断发展与完善建筑

[12] 法国人劳德·佩罗（1613–1688）声称，在建筑学上存在两类美，一种是"实在美"（beauté positive），一种是"任意美"（beauté arbitraire），前者依赖于建筑材料的质量、施工工艺的考究、房屋的大小等，而比例、体型、外貌等则只属于后者。实在美是最基本的，任意美只取决于人们的习惯。据此，弗兰普顿用建构的术语翻译了佩罗的观念：风格为任意美的范畴，属于非建构的，因为它注重的是再现；实证美则可以被视为建构的，因为它的基础是材料和几何秩序。见 Kenneth Frampton. Studies in tectonic culture: the poetics of construction in nineteenth and twenties century architecture [M]. Cambridge, MIT press,1995, 29；见王群. 解读弗兰普顿的《建构文化研究》[J]. A+D 建筑与设计，2001（2）：69–80.

的围护系统与设备系统，对自然环境进行过滤、分离与利用，来改善居住的环境条件。古人"凿户牖以为室"，利用户牖采光、通风，户牖作为一种原始的系统技术在建筑中的重要性可见一斑。这时期人们主要根据客观存在的地域条件、不同的地理环境、不同的自然气候，在基本不增设附加机械设备的条件下，通过对建筑布局、构造和材料等的处理，使建筑本身能够适应自然气候，表达出它对自然环境被动的、低能耗的反应。

随着建筑系统技术的发展，机械设备在系统技术中的比例逐步增大，尤其是 19 世纪以来，电梯、自动扶梯、人工照明、水处理、人工通风、空调等新技术不断涌现，对建筑产生了巨大影响。建筑不再受自然环境的限制，交通、朝向、采光、通风、温湿度调节等都可由人工来处理，建筑的功能组织关系发生了重大变化。建筑的空间构成模式被划分成"目的空间"和"设备空间"两大部分，机械设备也不再像以前那样处于附属设施的地位，设备费用在建筑造价中所占的比重也在逐年增加，很多建筑的设备投资超过了总造价的 30%。机械设备开始成为建筑很重要的造型因素，它带来了建筑外形的变化和新的美学观念，建筑系统技术对环境的调控模式逐渐从被动式向主动式转变[13]。从那时起，建筑系统技术常常被简化为建筑设备技术，不少建筑师也把原本属于他们的众多责任（如将建筑布局、构造和材料等处理的系统技术作为建筑创作源源不竭的源头，它为建筑师提供了所需要的深层创作动力）开始推卸给设备工程师，把建筑这个复杂的问题简化到只考虑在外观和材质上玩些花样，着力追求表皮效应的技术表现。

3）对建筑"量"的追求

目前，在谈及有关建筑问题时，建筑师着重考虑的是与建筑品质有关的问题，关注什么是最优的、最合理的、最适宜的等等，却很少想到建筑师必须面对"量"的大问题，更难得的是能够将"质"与"量"的问题结合起来加以考虑。事实上，建筑"量"的问题在很大程度上左右着建筑发展的进程。因为，建筑作为一种社会化的器物，除了实用性外，还必须满足不断增长的社会需求。从古代的手工制造到现代工业的机器化的批量生产，直至信息化时代的批次定做，尽管人们所运用的工具或媒介不同，但对"量"的追求没变。

回顾建筑发展的历史，我们可以看到，由于经济和技术的局限，在工

[13] 从设计的角度，建筑技术一般分为低技术、轻技术、高技术和适用技术等层次等级；技术运作模式分为被动式、主动式与混合式。被动式与主动式模式的主要区别在于是否应用人工机电等设施去维持技术系统的运行，以达到所需的建筑环境。混合式模式则介于两者之间，以自然方式调控的同时又借助于人工机电设施进行调节补充。见 Ken Yeang. The green skyscraper: the basis for designing sustainable intensive buildings [M]. Munich: Prestel Verlag, 1999: 201.

业革命之前，各个时代最好的材料、最杰出的匠师、最先进的技术几乎毫无例外地被用在为少数人服务的建筑物上，几千年的建筑历史也几乎是一部宫殿、陵墓、庙宇之类的历史。在这段时期，建筑师的视野主要局限于所谓高层次的建筑物上，"主流建筑"的"量"较少，供平民所居住及生活的大量建筑则退却在建筑师的视野之外。建筑技术特征则主要表现为"少品种、单件小批量"。

工业革命后，"为普通而平常的人建造普通而平常的住宅"成为建筑的时代主题，以勒·柯布西耶为代表的一批具备一定社会责任感的建筑师通过工业化的建造技术尝试着建造大量"人人住得起"的住宅，以获得效益的最大化。受福特式"少品种大批量生产"的制造模式的影响，他们开始大批生产构件，根据经济的需要创造出各种细部和整体构件，实现了建筑产品的大规模建造。从此，建筑步入标准化、大量生产的时代。

福特式建造模式实现了人们对建筑"量"的需求，但这是以牺牲建筑的"质"为代价的，建筑缺少了个性与人性化。因为不可能像福特的汽车生产线一样，创造出一个理想的住宅。因此，标准化、大批量的机器生产方式逐渐招来了许多人的不满。以莫里斯为代表的"工艺美术运动"（Arts and Crafts Movement）就是对此状况的一种回应，它在民众中倡导"手工与艺术结合"的理念，提出工艺产品要"美观与实用"的口号，打破艺术与手工艺之间的界线，但它背离了工业革命发展的必然趋势，缺少了"量"上的必要性支持，也只能算是一种权宜之计。相比之下，同样强调手工艺传统，德国建筑师格罗皮乌斯巧妙地缩小了"手工艺"与"工业"之间的差距，他提倡用手工艺的技巧创造高质量的产品设计，供给工厂大规模生产，在"质"与"量"之间做了一个折中方案，"标准化"与"多样化"出现了暂时的互相妥协。正如格罗皮乌斯在他的名著《新建筑与鲍豪斯》中所说："标准化并非文化发展的一种障碍。相反，倒是一种迫切的先决条件。因此，最后结果应当是最大限度的标准化与最大限度的多样化的愉快协调的结合。"然而，与标准化、大规模生产的建造模式相比，格罗皮乌斯虽致力于开发适合大规模生产的产品设计，但从设计到建造过程的连续性还有待提高，"工厂制造"与"特制"仍存在着一定程度的差距。

直到20世纪60年代末，随着灵活的计算机辅助生产系统的出现，"质"

和"量"之间的真正平衡才初步得以实现。在计算机图形分析和数控制造技术的促进下，重复性的标准化构件与量身定做的异形构件没有本质的区别，读解和处理它们的是数字技术而不是机械和手工艺，原先通过重复生产相同的构件来提高生产效益和降低造价的经济原则正迅速失去意义，"大量生产"转为"批次生产"，即通过大规模高效率的生产，使总"量"得到保证的同时，又能量身定做每批产品，这样一来，产品的批量越来越小而品种趋向多样化，"手工艺"与"工业"的统一成为可能。

在建筑领域，计算机辅助设计和计算机辅助制造（CAD&CAM）的突出表现，保证了建筑从设计到建造过程的连续性。设计媒介技术对信息进行精确的描述、分析与处理，结合当代制造业中层出不穷的数字化控制设备（如数控机床 CNC，以及由多台数控机床组合而成的柔性制造系统 FMS，全球制造系统 GMS，等等），可以保证将计算机图形和数字信息精确地转化为物质化的建筑构件与整体。在数字技术的支持下，建筑设计与建筑建造紧密协作，设计、测试、生产以及组装不计其数的各种建筑构件，使用了灵活的生产工具，使一些任意体形的建筑不再停留在建筑师的构思想象之中，而是走向现实的建造。因而，人们常常看到，精确预制的建筑构件被运往施工现场，在激光定位器和测量设备甚至全球卫星定位技术的辅助下，其现场拼装的误差通常不会超过以毫米计量的单位。当然，对于每个工程而言，计算机化的机器可能需要涉及相当大的资本投资，但是，由于固有的灵活性，它几乎可以毫无限制地被用于其他类似的生产制造。因此，最初的采购成本无需通过生产最大数量的相同部件来补偿，而是可以通过其非常广泛的生产应用分期偿还[14]。

当前，在这方面做得比较突出的有英国的福斯特合作事务所、美国的弗兰克·盖里事务所，等等。例如，被誉为手工艺和工业统一的第一个真正实例——香港汇丰银行，在这个项目中，福斯特事务所在建造与设计过程中运用了一整套新的办法，面对成千块形状、大小各异的面板，设计和制造使用了全自动化的、灵活的工具，包括采购计算机化的可变冲压机，以及许多焊接机器人，辅助以快速跟进式的施工计划，最终圆满地完成了这个特殊任务。值得关注的是，这个项目中几乎所有的构件都是由福斯特事务所设计，并和厂商的设计人员人员、生产工具人员密切合作，所有样品无一例外地经历了制造和测试过程[15]。

[14] 克里斯·亚伯. 建筑与个性——对文化和技术变化的回应 [M]. 张磊, 司玲, 等译. 北京: 中国建筑工业出版社, 2002: 46.

[15] 克里斯·亚伯. 建筑与个性——对文化和技术变化的回应 [M]. 张磊, 司玲, 等译. 北京: 中国建筑工业出版社, 2002: 43.

2.2 技术——制度

2.2.1 技术制度的相关概念

1）制度的概念

诺贝尔奖获得者、英国的制度学家诺恩认为："制度是一个社会的游戏规则，更规范地说，它们是为决定人们的相互关系而人为设定的一些制约。"[16] 此定义一针见血。制度作为游戏规则，给人们提供了一个日常生活的结构来减少不确定性，确定和限制人们的选择，它包括正规制约和非正规制约。正规制约指的是人们有意识创造的一系列政策法规，它包括宪法、成文法、普通法、细则、说明书等；非正规制约指人们在长期交往过程中无意识形成的规则，具有持久的生命力，并构成代代相传的文化的一部分，它主要包括价值观、信念、伦理规范、道德观念、风俗习性、意识形态等。同时，制度作为一种无形物，本身不能独立存在，需要有家庭、企业、国家等组织来承载，而这些组织也需要制度来支撑与维系。

以此类推，可以认为建筑技术制度是建筑技术存在与发展的规范体系，是人们在技术活动中所必须共同遵守的准则。它也包括正规制约与非正规制约两方面，其中正规制约是建筑活动的控制与引导的显性因素，在建筑领域内，主要是指涉及建筑类的多层次的技术法规与技术标准体系，如建筑法、标准、规范等，本书将其作为技术发展的主线进行研究，而将非正规制约（相对隐性的）作为辅线加以补充说明。

2）技术制度的内容

建筑技术制度有别于建筑工程制度，内容主要界定在技术的领域范畴内。它一般包括两部分：技术管理部分与技术要求部分。

技术管理主要针对实施技术要求的管理方式、方法和程序等[17]。内容为建筑工程管理或建筑标准化管理，或两者兼而有之。如美国建筑技术法规的管理部分完全是建筑工程管理，欧盟建设技术法规的管理部分基本上是标准化管理[18]。

技术要求主要是指结合本国的气候、地质、资源等自然条件和经济、

[16] 钱平凡. 组织转型 [M]. 杭州：浙江人民出版社，1999：15.

[17] 杨瑾峰. 工程建设技术法规与技术标准体制研究 [D]. 哈尔滨工业大学，2003：15.

[18] 课题研究组. 国外建筑技术法规与技术标准体制的研究 [J]. 工程勘察，2004 (1)：8.

[19] 纳贾拉简. 建筑标准化 [M]. 苏锡田, 译. 北京: 技术标准出版社, 1982: 24.

[20] 技术法规: 规定强制执行的产品特性或其相关工艺和生产方法, 包括适用的管理规定在内的文件。该文件还可包括适用于产品、工艺或生产方法的专门术语、符号、包装、标志或标签要求。技术标准: 经公认机构批准的、规定非强制执行的、供通用或重复使用的产品或相关工艺和生产方法的规则、指南或特性的文件。该文件还可包括适用于产品、工艺或生产方法的专门术语、符号、包装、标志或标签要求。

[21] 简化: 在一定范围内缩减对象事物的类型数目, 使之在既定时间内足以满足一般性需要的标准化形式。统一: 把同类事物两种以上的表现形态归并为一种或限定在一定范围内的标准化形式。互换: 指在互相独立的系统中, 选择和确定具有功能互换性或尺寸互换性的子系统或功能单元的标准化形式。组合: 按照标准化原则, 设计并制造出若干组通用性较强的单元, 根据需要拼合成不同用途的物品的标准化形式。协调: 为了使标准系统的整体功能达到最佳, 并产生实际效果, 必须通过有效的方式协调好系统内外相关因素之间的关系, 确定为建立和保持相互一致, 适应或平衡关系所必须具备的备件。选优: 按照特定的目标, 在一定的限制条件下, 对标准系统的构成因素及其关系进行选择、设计或调整, 使之达到最理想的效果。

图 2-6 建筑技术制度

政治、人文等社会因素, 围绕工程安全、保护人的生命、保护环境、保护人体健康及社会公共利益等方面, 提出的技术规定。内容大体上是在世界贸易组织 WTO/TBT 协议规定的 "正当目标" 范围之内, 符合国家安全要求, 防止欺诈行为, 保护人身健康和安全, 保护动物 / 植物的生命或健康, 或保护环境。

3) 技术制度的种类

按照技术制度活动的开展情况, 技术制度可分为两类: 天然的技术规范体系、有组织的技术规范体系 (图 2-6)。

天然的技术规范体系是习惯、惯例或传统发展的结果。例如, 在建筑方面有大多数国家长时期遵循的有关地基、砌墙、铺地和屋顶等传统施工的标准, 其中某些虽然没有合理的理论基础, 但长期以来一直执行得很满意 [19]。

有组织的技术规范体系是指按计划制订的规范标准。在现代建筑工程中, 主要是指技术法规和技术标准。其区别如下: 内容上, 技术法规规定了产品特性或相应的加工和生产方法, 包括可使用的行政 (管理) 规定, 技术标准规定了产品或有关的工艺和生产方法的规则、指南或特性; 形式上, 技术法规是有约束力的强制性文件, 技术标准是供反复使用的非强制性文件 [20]。当前国际上大多数经济发达的国家和地区实行了 "技术法规—技术标准" 这种建筑技术体制。

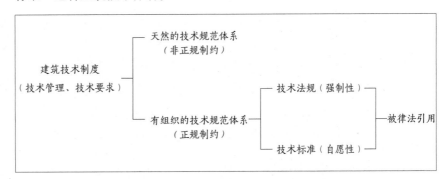

4) 技术制度实施的方法、原理与目标

技术规范的应用过程也就是某种约束的实施过程, 实施这种约束的基本方法是简化、统一、组合、互换、协调和选优 [21]。形成这种约束的指导原则是效益原则、系统原则、动态原则和优化原则。这些基本方法和指导

原则大致构成了技术规范的理论基础。

技术制度实施的目标主要是保证和提高工程质量安全；加快工程建设速度，缩短建设周期，合理利用资源，节约原材料，节约投资，发挥显著的经济与社会效益；促进科研成果和新技术的推广应用；促进国际技术交流和贸易发展，提高产品在国际市场上的竞争能力。

2.2.2 建筑技术制度的历史演进——三种模式的形成与逻辑发展

规范化是技术制度的一个重要特征，在一定程度上，技术制度的形成与发展可以说是技术规范制度化的过程。建筑的技术规范不是从天而降的，其规范化的历史可以上溯到新石器时代晚期。几千年来，人们定过很多规则，从"约定俗成"到"因地制宜"，最后产生越来越复杂的条文、法令，成为共同遵守的建筑规范标准，以确保设计师和工匠们建造起房屋来有章可循，并且担负起相应的责任。从文献的记载和对现存的古建筑的遗存考察来看，建筑技术规范的发展进程可分为古代的规范意识，到后来的经验型的成文准则，直至现代的理性化的标准法规体系。从原始状态朴素的规范意识到现代系统化的法规标准确立的过程中，我们亦可发现技术制度自身演化的内在逻辑。

1）朴素的规范意识

人类从穴居山洞，到移居地面上居住，就逐渐出现了按什么标准建造居室和其他设施的问题。从考古挖掘看，7000 年前的新石器时代就发现有布局规整的住房，深宽合理的壕沟，规格统一的榫卯木构件，这反映了原始状态朴素的规范意识。这种规范意识是一种集体意识的沉淀，在不同的地域各自形成一套建造方式，并固定下来，在长期的实际生活使用中被共同遵守、延续，在中国古代建筑中自觉和不自觉地发挥着应有的作用。

据《史记·夏本纪》记载，禹治水时曾用"准绳""规矩"和刻有刻度的仪器测量疏导沙流，分泄入海。《易·系辞》载有："上古穴居而野处。"《礼记·礼运》载有："昔者先王未有宫室，冬则居营窟，夏则居橧巢。"这些"规矩""准绳"以及居住方式反映了我国古代的规范意识。战国时期的大思想家孟子，把"规矩"和"准绳"的作用加以引申发挥，使之系统化、理论化。在《孟子》离娄章句中有多种表述："规矩准绳以为方圆平直，不可胜用也""规矩，方圆之至也""不以规矩不能成方圆"，等等。关于规范的表述，就这样进入了儒家的经典。汉代以后的儒学，成为我国各个朝代的官方哲学，"不以规矩不能成方圆"无形中成为一种被普遍认可的中国古代规范化的理论基础，这为以后规范化律令的制定与工程规范化的应用提供了有力的理论依据。

2）经验型的成文准则

随着建筑业的发展、生产经验的积累、建筑内部分工的细密，以及统治阶级对建筑业的重视，为了建造更好的建筑与城市，技术标准和操作规程就成为不可缺少的了。

在中国，自周代开始就专设官员机构，对重要的工程和行业进行整顿，在总结前人的经验和生产技术的基础上，逐渐形成一些标准。春秋晚期齐国人著的《周礼·考工记》就是一部手工业技术规范的总汇，它记述了30项手工业生产制造的工艺技术、规格和标准，总结了前人和当时的生产经验，并对其中若干环节进行了科学概括，进而升华到手工业制造的标准规范，对手工业的生产起着制约和指导作用。在工程建设上，它记载着许多重要的建筑标准，如王城规划、版筑技术、道路、门墙以及宫室内部的标准尺度；同时，它还记载有产品和工程的技术规格、工艺方法、技术要求、标准规范等 [22]。可以说，《周礼·考工记》作为我国现存古籍中有关建筑方面较早的文献，是中国古代一部重要的技术规范，开创了我国成文建筑技术规范史的先河。

《周礼·考工记》所记载的一系列制度化的规范最晚已在战国时期确立，真正完善统一起来则是在秦汉。秦始皇统一中国后，实施了一系列规范化的重大政策，所谓"车同轨""书同文""统一度量衡"等就是全国的规范化运动。从出土的《秦律》看，其中有《工律》《田律》《金布律》等。那时的"律"可看作今天的标准 [23]，如《工律》中规定"为同器物者，其大小、长短、广夹亦必等"。从出土的当时的实物来看，当时人们已注意到了器物的系列性、互换性和通用性。在这一历史阶段，中国古代建筑体系逐渐定型。在构造上，穿斗架、叠梁式构架、高台建筑、重楼建筑和干栏式建筑等相继确立了自身体系，并成为日后2000多年中国古代建筑的

[22] 翟光珠. 中国古代标准化[M]. 太原：山西人民出版社，1996：243.

[23] 同 [22]，90.

主体构造形式；在类型上，城市的格局、宫殿建筑和礼制建筑的形制、佛塔、石窟寺、住宅、门阙、望楼等都已齐备。

在秦汉以来建筑技术发展的基础上，到唐宋时期，建筑规范化与标准化在实施中被广泛普及，图样和模型被广泛使用，建筑技术发展到一个成熟阶段，建筑技术规范化水平达到相当高的标准。北宋将作少监李诚组织编制的《营造法式》是当时典型的全国官式建筑的重要技术规范，它对工匠留传的经验和当时的技术成就进行了新的科学总结，属于条例、规范类的体裁，是正规制约的建筑工程技术法规性的专著。它由中央政令颁布，在全国推行，是带有法令性质的强制执行的标准。值得注意的是，《营造法式》中将"有定式而无定法"作为规范的方针，与今天的"标准化与多样化相结合"的提法有异曲同工之妙。

明清时期技术规范又有了进一步的发展，走向程序化阶段，其技术制度体系的凝固化和不适应性有所增加，建筑技术步入衰微，但并非建筑技术的后退。清代官方颁布的《工程做法细则》进一步推动了建筑技术的程序化与标准化，统一了木结构的建筑格式和标准，代表了当时建筑技术的最高水平，也代表了中国古代经验型成文的技术规范的总体成就。

不仅古代中国是这样，世界其他文明古国在工程建设上也同样按一定规范进行，一些国家还以律令的形式推进统一规范的执行。公元前1758年，古巴比伦颁布了《汉穆拉比法典》。它是世界上第一部成文的建筑规范，不仅对正确的方法有很详细而严格的描述，而且对建造失败的工匠还有很严厉的处罚。规范中明文规定："如果一个建筑师为别人设计的房屋不够结实，设计和建造上的失误导致房屋倒塌压死了主人，那么这个建筑师应被处死。"规范还进一步规定了如果一个房屋由于建造工艺太糟糕出现了损坏，那么建筑师或工匠有责任自掏腰包为主人修补房屋[24]。可见，建筑技术规范一旦形成律令，有了一定的处罚规定，建筑师们就一定会非常注重建筑的质量，从而促进了技术向规范化方向的发展，但过于严厉的技术规范同时也会扼杀建筑师对技术进行创新的勇气。

3）近现代理性化的技术法规与技术标准体系

经验型技术制度体系可以说是技术理性化确立初期的一种形式，技术

[24] 琳恩·伊丽莎白, 卡莎德勒·亚当斯. 新乡土建筑——当代天然建造方法 [M]. 吴春苑, 译. 北京: 机械工业出版社, 2005: 17.

的理性发展在这一时期还没有充分展开，体现为一种理性化状态。正如维特鲁威所言："因为他们按照正确的性质根据自然的真理归纳了一切东西，把它们运用到建筑的制作上去，作为惯例，而且认可这些说明在议论之际是合乎道理的。他们就遗留下来由这样的起源而确立的每一种式样的均衡和比例。"[25] 可以说经验型的技术制度以科学的归纳为主，包含有科学的成分，而理性化的技术规则以科学的演绎为导向，探求技术规则的合理性。

18 世纪下半叶，工业革命促进了炼铁工业的大发展，在建筑上，人们不再把铁当作辅助材料来看待，试图用铁代替木材和石材，在整个结构中采用铸铁，借助于新的结构技术、新的施工方法，建筑逐渐衍生出新的铁制框架结构的形式。这种新的结构形式的出现需要有特殊的研究并经过专门的培训，设计时仅仅根据经验来估算显然不够了，它需要基于力学和材料强度的原理来计算，这促进了现代工程专业的产生，从此土木工程师与建筑师这两种职业之间便出现了区别。这种区别最初体现在桥梁设计上，横跨英国塞文河的第一座铁桥柯尔勃洛特 - 加龙省桥就是在科学原理上根据荷载而精确计算出来的。正像托马斯·特尔福德说的，在小型砌筑的桥梁里，设计者可以采用看起来最美丽或实用的任何样子的曲线，并且据此调整节点，也可以将最大压力加到他认为有助于结构强度的任何方向上。但是当桥梁变得跨度更大，并且使用了更能承受拉力的材料之后，运用数学以及材料强度的应力分析就变得越来越重要了[26]。此后，钢、铁、玻璃等新型材料在技术理性的推动下越来越频繁地出现在建筑中，这为 1851 年水晶宫登上历史舞台准备了条件。作为 19 世纪中期建筑的试金石，水晶宫既体现了 19 世纪的建筑风格，又预示了 20 世纪建筑的发展趋向。建筑技术摆脱了对现象的直观表述和零散形式的经验总结，技术活动进入了理性化的阶段。在此基础上，出现了后来的埃菲尔铁塔与机械馆（1889 年），再后来又衍生出现代建筑。

在建筑技术的理性化发展过程中，建筑技术规范也从原先的经验型准则过渡到理性化的建筑技术规范与技术标准，技术规范进入基于实验数据之上进行定性与定量科学分析的阶段。例如，为了预防大火，在 1189 年伦敦颁布了一项规范，要求建筑之间的墙体必须经过官方认证，还有其他诸如禁止用木头建造烟囱的规定。随着各种建筑中的安全问题渐渐汇集与反映到建筑规范中来，人们在经验的基础上开始建立火灾试验、计算模型和评估模型，经验型技术法规发展也逐渐演变成现代的消防规范。同时，

[25] 维特鲁威. 建筑十书 [M]. 高履泰，译. 知识产权出版社，2001: 86-87.

[26] 比得·柯林斯. 现代建筑设计思想的演变 1750-1950[M]. 英若聪，译. 北京：中国建筑工业出版社，1986: 215.

为了便于全球范围内技术的交流与合作，技术规范的发展也进入国际化阶段，一些国际规范化组织相继成立。最早开展国际规范化活动的是计量和电工领域。1875 年以法国为中心的 17 个欧洲国家的外交会议签订了《米制计量协议书》，并在巴黎设立了国际计量局。几经发展，到 1906 年 6 月国际电工委员会 (IEC) 正式成立，这是第一个国际性标准化机构。1946 年，25 个国家的 64 名代表集会于伦敦，正式通过建立国际标准化组织（ISO），它的诞生更加促进了技术规范在国际上的全面发展，带来了建筑技术规范又一轮重大的变革。

相对西方而言，1840 年鸦片战争后，近代中国沦为半殖民地、半封建国家，我国技术规范的发展几乎陷于停滞状态。大量外来技术及技术规范的涌入，揭开了中国建筑技术被动移植的序幕，动摇了中国传统技术体系的根基，固有的技术体系显得很不适应而开始解体。国门打开后，清政府、民国政府虽然也自办了建筑管理机构，制订了一些建筑法规，但多以租界为参照对象，且在租界内外、不同地域之间采用的技术规范也极端不统一。如南方一般采用英美标准，北方一般采用日本标准，军事工业一般采用德国标准[27]。同时，就具体建筑而言，技术条款还有"西式"与"华式"之分。如 1917 年 6 月应租界管理之需制订的《公共租界房屋建筑章程》，其内容就有《华式新屋建筑规则》和《西式新屋建筑规则》之分。相比之下，华式规则技术条例的定量规定远远少于西式规则，这亦反映出当时中西方建筑在技术水平、舒适度、安全等方面存在一定的差距[28]。可见，相对西方进入技术专家的理性主义占主导地位的新阶段，此时中国的技术规范体系还处于一种被动移植的转型期。

1949 年后，我国在参照苏联建筑技术规范体系的基础上，编著了《建筑设计规范》，作为建筑设计的技术依据。同时，标准设计、建筑设计资料集等也是建筑设计的重要依据。70 年代国家制订了建筑制图、建筑模数等一批建筑设计基础标准。80 至 90 年代又制订了《民用建筑设计通则》《住宅建筑设计规范》等一批通用与专用标准。目前，在民用建筑设计领域中的标准已达 40 多项，已经覆盖了绝大多数的民用建筑，逐渐形成具有中国特色的相对完备的技术标准规范体系[29]。但由于多种因素的制约，现行的技术规范与国外相比仍有相当大的差距，对此以下几章将详细加以阐述。

[27] 杨瑾峰. 工程建设标准化实用知识问答 [M]. 北京: 中国计划出版社, 2002: 6.

[28] 李海清. 中国建筑现代转型 [M]. 南京: 东南大学出版社, 2004: 86-91.

[29] 建设部标准定额司. 工程建设标准体系（城乡规划、城镇建设、房屋建筑部分）[M]. 北京: 中国建筑工业出版社, 2002: 137.

2.2.3 小结

技术决定制度，但非严格的一一对应的机械决定论，制度也可能反作用于技术。合理的技术制度对技术的发展起促进和引导作用；反之，滞后的技术制度对技术的发展则起延缓甚至阻碍作用。

中国古代建筑体系之所以能够薪火相传，在于它的维系有一套规范。受传统建造技术水平的制约以及建筑管理的需要，中国古代出现了各种官方的与民间的法式与定制，促使中国建筑沿着一条标准化的道路发展下去。但是，这些法式与定制只是操作、管理与控制的一些方法、手段，缺乏体系的独立性与自主性，即中国古代的建筑技术制度并没有形成严格意义上的社会体制。在中国古代，建筑技术的社会功能不受重视，尽管历朝历代都出现了一些法式与定制，然而其主要目的仍是为了维护王权与祖宗规制，服务于政治与社会治理使命（如"工有不当、必行其罪"），技术充其量只是维护社会稳定的辅助手段，匠师及其代表的技术的社会地位与功能每况愈下，因而技术就没有社会体制化的价值。缺乏体制化的保证是阻止中国古代建筑技术持续发展的主要障碍之一。

当前，国内外建筑技术的发展存有一定的差距，在很大程度上，这还得归咎于国内技术制度的不完善，而不能仅仅简单地将之归结于国内工艺水平的落后。北京大学经济学院教授蔡志洲所言极是："只有从制度上做出了保证，才能有普遍的意义。"作为技术活动的游戏规则，技术制度对技术活动起着控制和引导作用，它的制订好比搭舞台，现在这个舞台没搭好，就叫建筑师上台表演，这只能给建筑师造成伤害，更遑论与国际接轨。因此，怎样理顺建筑设计与技术制度之间的关系是当前迫在眉睫的问题之一。

2.3 技术——观念（价值取向）

技术观念是人们对技术活动及其结果与相关因素的总的看法，属于精神文化的内核部分，其哲学的关怀所向乃以价值问题为核心，是社会各阶层对建筑技术在建筑活动中的地位与作用的看法，反映了人们在技术选择和应用时的价值取向。

2.3.1 技术价值的相关概念

1）价值内容的限定

技术的价值论通常包括三个主题：技术的外在价值、技术的内在价值、技术与价值。技术的外在价值体现在自然、社会和人三个维度上——前者可称之为技术的自然价值，技术所创造的物质文明和生产力水平的提高、技术对自然的改造、人工自然的意义等反映了技术的自然价值；后两者是关于技术对人和人的生存方式整体的影响、后果和意义，可以称之为技术的人文价值。技术的内在价值指技术自身内在的、理想的某些价值，在具体的技术实践中表现为精确性、耐久性和效率性（或称低成本）三个方面；技术的内在价值是技术发展内在所需要的，与外部人的主观价值和技术之于它物的价值并不是一回事；追求技术的内在价值的实现，是技术进步的关键所在。技术与价值这一议题重点关注技术之内、外在价值和人的主观价值之间的关系，具体而言，就是考察作为负荷主观价值的人这一主体和作为客体的技术之间的相互关系 [30]。

考虑到涉及面较大，相关背景薄弱等一些具体情况，本书放弃面面俱到，侧重于技术与价值之间关系的讨论，这是需要说明的一点。

2）价值对象的选择

英国著名哲学家艾尔弗雷德·诺思·怀特海认为，离开主体谈论价值毫无意义。客体就其本身而论为它物存在，只有工具价值，其价值相对于主体的价值而言为工具性的，而问题在于主体性在何处 [31]。

如果以技术为中心，把物质、能量、信息的人工化转换的最大值、高效化作为技术价值系统追求的目标，那么，人就要屈从技术的发展，人就沦落成技术发展过程中的手段、工具。相反，如果把人类的根本利益、长远发展作为技术价值系统的追求目标，那么技术就只能为人所用，成为为人造福的手段。出于对人类利益的考虑，是不是可以免除保护自然环境、维护生态平衡的责任呢？如果只将人类自身当作主体（传统伦理学的出发点），把自然视为人们可以为所欲为的索取对象，这样一来，由于有限资源的制约，人类与自然的冲突必然难以避免，其缺陷是显而易见的。但是，如果单纯地将伦理对象扩大到自然界，强调自然的内在价值，只看到了人

[30] 刘文海. 技术的政治价值 [M]. 北京：人民出版社，1996：19.

[31] 王治河，薛晓源. 全球化与后现代性 [M]. 桂林：广西师范大学出版社，2003：231.

对自然顺应的一面，那么又走向了另外一个极端，这是一种狭隘的生态伦理学的观念，同样不可取。

为了寻求解决全球环境与发展危机的办法，在 1987 年发表的《我们共同的未来》一书中，"可持续发展"的概念被明确提出来，即"人类应满足当前的需要，又不危害子孙后代生存的权益"。受此影响，发展伦理学便应运而生了。它在克服了传统伦理学和生态伦理学的不足之后，把人类发展与环境保护内在地结合在一起。基于人类和集体（也兼及个人）发展的基础上，发展伦理学看到了自然在人的地域性和历史性存在中的中介作用，重在调整当代人之间以及与未来人之间的环境和资源分配关系。这一目标的选择，不是技术价值系统自身的内在禀赋，而是超越了技术价值系统的自身局限，表达着人类的能动性、创造性。换句话说，人类的长远发展需要依靠技术的不断进步，技术进步的同时也要服从于人类的利益，走可持续发展的道路。因此，把人类的根本利益、长远发展作为技术价值系统的追求目标，表达了可持续发展的内在要求，这也许是技术价值系统目标的一种正确选择。

3）价值目标的调控

从文献状况来看，技术的外在价值与内在价值一直是建筑师最为关注的问题，尽管研究者的工作并不一定是在这个名目下进行的。如自古罗马维特鲁威的《建筑十书》起，人们就开始用实用、经济、美观三个要素来评价建筑，一般来说，实用、经济代表着技术的内在价值，美观则代表着部分的外在价值，建筑师一般所关注的外在价值与内在价值主要针对建筑的本体而言，是一种所有价值（潜在价值）。当然，这是谈论技术设计的一个底线，否则一切议论都没有意义。此后，在很长时期内，这种强调所有价值的观念几乎主宰了整个建筑界，在建筑实践中，建筑师也总是在建筑的内外价值之间寻求一种平衡，力求使之完美地结合起来。

随着时间的推移和社会的发展，建筑逐渐商品化了。"由于商品的价值对象性只是这些物的'社会存在'，所以这种对象性也只能通过它们全面的社会关系来表现，因而它们的价值形式必须是社会公认的形式" [32]。同样，作为商品的建筑也需要在得到社会的确认之后，才能体现出它的存在价值。换句话说，建筑在与使用者发生关系之前，还不具有存在价

[32] 转引：郑时龄. 建筑批评学 [M]. 北京：中国建筑工业出版社，2001：168，马克思关于物的社会存在的概念。

值，一旦到达使用者手中，就成为使用者接受的对象而发挥其作用，在此之前，只不过是具有一种理论上的所有价值。这样，在价值的认知领域发生了从所有价值到存在价值的变化，过去注重物质的拥有，人为地"物"役，现在注重人对物的支配及其存在的感觉[33]。设计者从宣扬普适性、广泛性，通过设计的理念、思想去引导消费者，转向以消费者为重，围绕生活文化和需求进行设计。消费者本身也发生了从消费者向生活者的转变。这一系列的变化，实际上是标志着新的社会需求与社会关系的产生，这正是设计所需要面临的新课题。由此可见，忽视社会关系的存在（技术与价值）去谈论技术的价值是没有意义的，而这一点却未得到人们应有的重视（图2-7）。

当然，如果过多地看重存在价值，强调使用者的决定因素，忽视设计者对使用者的导向作用，会形成极端迎合消费者趣味的情况，使建筑过于商业化，设计不合客观目的性，不合规律性，这也需要设计者去认真把握[34]。

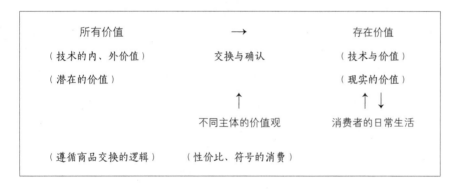

图 2-7 技术价值的不同体现

2.3.2 传统技术价值取向的发展

我国传统文化作为伦理文化，其哲学的关怀所向以价值问题为核心，看重所谓的"义利之辩""体用之争"。尤其是传统哲学的"经世致用""重义轻利"取向，直接影响了人们对技术价值的认知，使我国传统技术发展具有明显的"以道驭术"的技术伦理特征。

"以道驭术"，指的是技术行为和技术应用要受伦理道德规范的制约。如果技术活动只考虑社会需求的经济价值，不对技术行为本身从伦理角度加以限制，技术的发展方向就会偏离正常轨道，其应用后果就会破坏人类

[33] 李砚祖. 产品设计艺术 [M].
北京: 中国人民大学出版社,
2005: 366.

[34] 李立新. 设计概论 [M].
重庆: 重庆大学出版社, 2004:
107.

生活的正常秩序，带来许多意想不到的副作用。那些没有伦理道德约束的"术"，只能是不择手段，在经世致用的"正经"或"正统"技术之外的东西，便是"奇技淫巧"。因此，在评价技术成就时，古人主张"利于人谓之巧，不利于人，谓之拙"。如公输盘造竹木鹊，能在天上飞三日而不下，一般人都以为巧，而墨子却认为这不如制作车辖，因为车辖三寸之木而任五十石之重，对天下人都有利，故所为巧[35]。这种实用而兼利天下的主张就是技术发展的道德规范之一。不仅如此，这种技术价值的取向有时还会进一步以法律规范的形式确立下来，以约束工匠行为和工程质量，反映了以道驭术的制度化。如《周礼·考工记》所记载的"物勒工名"制度（署名的目的是质量控制），《大明律·工律》中《营造》卷、《大清律法》中的《工律》卷等技术制度。受此类思想的影响，我国古代社会一直注重发展那些经世致用的"正经"技术，这使我国古代技术水平在整体上曾一度居于世界领先地位。

但是，"君子不器"（《论语·为政》），"术"终归是"术"，是"下"的东西，自古以来一直如此，这包含了人们对技术、技巧的潜意识的排斥，认为技术或技巧会让人变得急功近利，投机倒把，"机心"滋生，如"有机械者必有机事，有机事者必有机心……吾非不知，羞而不为也"（《庄子·天地》）。此外，有些从实效的角度考虑并不实用的规定，在特定的文化环境中被当作"实用"的，从而被后人严格遵守，如在官式大木作中，出于建筑型制的考虑，斗栱所呈现的出跳次数与数量的增减等等。诸如此类的价值取向，也给后来的技术创新、技术变革、技术转移等埋下了隐患。

此后，虽然我国有用伦理道德规范来制约技术应用的优良传统，但随着西方近现代先进建筑技术的涌入，又出现了许多与技术价值取向相关的现实问题，有些一直影响至今，这亟待我们去认真思考。

其一，近现代技术起源于西方，它从思想根源上看是来自于西方文化传统。在近现代技术传入我国的过程中，传统文化的屏障效应越来越明显，在很多时候，实际上起到了技术体系变革中的缓冲和制衡作用。因此，刚开始能够被我国接受的只能是某些实用的技艺和产品，属于"用"的部分，而西方的现代技术的社会文化本体则被尽可能排斥或过滤掉了。正如张之洞所主张的"中学为体、西学为用"，实际上是将整个西学都置于"用"

[35] 王前，金福. 中国技术思想史论 [M]. 北京：科学出版社，2004: 90.

的位置上，按照我国传统"实用"标准加以选择[36]。但是，基于"用"上的"技"离不开社会之"体"（如经济、政治体制），"体"与"用"的错位，使现代建筑技术在中国的发展从一开始就面临着"体"与"用"的困扰，无法形成一个与现代技术相适应的政治与经济体制（"体"）。近代中国在技术转移中，虽然进行了一系列文化变革，但是，其结果或失败或半途而废，这表明了文化变革的艰难。正如鲁迅所说："中国太难改变了，即使搬动一张桌子，改装一个火炉，几乎都要流血，而且，也未必一定能搬动，能改装，不是用很大的鞭子打在背上，中国自己是不肯动弹的。"由于缺乏一个坚强可靠的"体"的支撑，建筑技术一直没能形成整合，发展也相对滞后。而且，这种影响一直延续至今（如在当前西方先进技术转移过程中所出现的文化摩擦问题），并且以更隐形的方式左右着当代中国建筑技术发展的走向。

其二，目前，我国建筑技术的水平在整体上取得了相当大的进步，在某些领域及某些工程的技术应用上已接近或达到世界先进水平。但是，在技术的总体品质上，我国与国外一些先进国家相比仍存在相当大的差距；在人们的技术价值认知上，"利"与"义"博弈加剧；在技术的应用上，技术的选择在政府、市场与文化之间常常会出现失衡。特别是市场经济高速发展的今天，建筑及建筑技术日趋市场化，如何在"体"与"用"、"义"与"利"之间取得平衡与发展成为一个棘手的问题，如当前针对房价虚高，国家相关部门相继出台了国六条、国八条等调控政策与条例，这些条例在对建筑市场调控的同时，是否波及节能技术在建筑中的推广与应用呢？（因为存在短长期收益、个人利益与环境利益等问题，这直接拉动房价从而影响消费者对节能建筑的需求）面对如此现状，我们有必要理顺"体"与"用"、"义"与"利"、"道"与"术"的关系，确立合理的技术价值取向，实现"技术—市场—社会"的互动。

[36] 王前，金福. 中国技术思想史论 [M]. 北京: 科学出版社，2004: 67.

2.4 本章小结

本章内容可称之为建筑技术发展背景的综述篇（大背景），这给下文论述打下一个基础，而后所提出的技术策略与方法也是围绕此而来的。

（1）直接应用于建筑学中的技术主要分三类：第一类应用于建筑师的工作过程，是建筑师将设计对象模型化的技术，即建筑设计媒介技术；后两类应用于建筑师工作的目标——建成的建筑，其中一类是关于建筑材料的，包括所有与建筑材料的结构型式和构造方法相关的技术；另一类是关于建筑系统的，包括所有与建筑特定的功能和服务系统相关的技术。

（2）当前，国内外建筑技术的发展存有一定的差距，在很大程度上，这还得归咎于国内技术制度的不完善，而不能仅仅简单地将之归咎于国内工艺水平的落后。

（3）我们有必要理顺"体"与"用"、"义"与"利"的关系，确立合理的技术价值取向，实现"技术—市场—社会"的互动。

"中国建筑在工艺技术上一方面丢失了传统手工艺，一方面现代工艺又没有进步，我国建筑到了一定要变革基本技术体系的时候了。"[1]

——秦佑国

3 断裂与整合
——建筑技术的发展现状与整体性思维的提出

上文对建筑技术发展的背景做了一个简要的概述，在此基础上，本章将对我国建筑技术发展的现状进行深入的分析，力求厘清表象之后所掩藏的问题及其根源，并尝试提出一种建筑技术的思维模式，以供大家共同探讨。

3.1 当前国内建筑技术发展所面临的问题及其根源

随着新材料、新技术在建筑领域中的广泛应用，建筑的理念、形式、规模等都发生了相当大的变化。在设计、建造过程中，技术因素越来越受到建筑师的重视，出现了许多注重技术含量与技术表现的作品，它们在一定程度上缩小了我国与西方发达国家的技术差距。但是，在这繁荣的表象之下，却掩藏着重重危机。

[1] 秦佑国. 中国建筑艺术需要召唤传统文化 [J]. 中国艺术报, 2003: 26.

3.1.1 面临的问题

20 世纪以来，现代技术在给人类带来巨大物质财富的同时，自然环境的承载极限、社会的价值信仰和追求却经受着考验，并引发了各种各样的冲突。一方面，现代技术对传统技术的蚕食日益加快。经过 18 世纪以来工业的发展，除了复杂的手工技艺不能由机器取代的技术外，大多数技艺被现代技术所替代。与传统技术相比，现代技术社会对于人的压迫、统治日益加强，与自然环境的冲突日趋严重，如能源危机、人口膨胀、环境及其生态与可持续发展等问题。另一方面，发达国家与发展中国家在技术转移中存在政治霸权、经济剥削以及文化侵略，特别是当今经济全球化与文化多元化之间的价值冲突。换句话说，技术的转移几乎是所有发展中国家必须面对的问题，成为决定发展中国家是趋向世界潮流中心，还是进一步被边缘化的重要因素。目前，在国内建筑技术领域这些冲突也同样存在，并且表现尤甚。

1）技艺传承时的"断裂"现象

我国古代建筑史上有许多构思极为精巧的建筑物，其中很多优秀的传统技术就隐含在这些建筑物之中，它们在过去就实现了令人难以置信的舒适与实用，而且，在不少现代建筑中，再运用这些技术仍然证明是行之有效的，也给今天的建筑师带来许多灵感。然而，随着当今全球化进程的加快，传统技艺传承的过程却处于加速"断裂"的状态，许多仍具有一定潜在价值的传统技艺正面临消失的危险。如传统技艺具有与主体不能分离的知识特征，在一些关键的技术环节中，许多绝活随着传统匠师的消失而丢失，留下的只是一些支离破碎的文字表述，而文字记载很难将详细和准确地描述工匠个性化的经验技巧，其中一些隐性知识甚至连工匠自己都说不清楚，这些悟性知识正是我国传统技术知识中比较核心的部分。如"徐则甘而不固，疾者苦不入。不徐不疾，得之于手而应于心，口不能言，有数存焉于其间" [2]。由于这样的标准无法用语言与数学方法明确地加以规定，因此这些很有实效的传统技术逐渐被当代许多"正统"的建筑师所忽视，他们甚至"重复发明"着已存在的技术。

2）技术转移与技术支持力之间的冲突不断出现

随着技术转移的持续深入，技术转移与技术支持力 [3] 之间的冲突不断

[2] 出自《庄子·天道》，其大意为制车轮时安辐条于凿孔接榫处，孔大宽松，榫头易入但不牢固；孔小则紧涩，榫头不易进入。不宽不紧，得心应手，这个诀窍口里说不出来，却有某种分寸在其中。

[3] 技术支持力，概指特定国家的现实的技术基础，它包括物力、财力以及技术人员素质与能力等。

出现。目前，国内许多建筑师习惯于闭门造车，不考虑本国的技术基础（如设备、原料、资金、建造、管理）和从业人员的技术素质与能力，盲目引进国外先进的建筑技术，跨越了一些中间技术，以便尽快达到发达国家的水平。例如，很多外来材料和技术还没在中国市场上推广，市场不认识，建筑师也不懂得怎样去运用，找不到实现心中设计的材料工艺，这会造成很多引进的材料和技术没有被很好地运用；并且，这些材料与运行设备等一旦出现故障，自己又不能修理，只能依赖于外国，受制于外国，从而陷于被动。

这种现象在迄今为止的技术转移过程中很常见，它降低了技术转移效率，事倍功半。而且，技术转移的深入（特别是中国加入 WTO 之后）将会给我国建筑技术体系带来相当大的影响。一方面，引进技术与已有的传统产业和原有技术相差太远，超过了原有技术吸收能力的范围，即缺乏自己的技术支持力，这种技术引进来也固定不了。如 B. 斯达格诺在《带地方建筑》一文中说："高技派建筑仅仅在拥有高科技并有足够的财力覆盖其高成本的国家行得通，例如在我的国家或任何其他发展中国家就很难见到使用 3 米 x10 米的大窗玻璃，因为它超出了可能的限度。"所以，对于许多发展中国家而言，技术转移导致的是一种依附性发展，它们往往被整合进世界技术体系的下游环节，成为高端技术的市场和低端技术的产地，这也就是所谓的边缘化。另一方面，因为许多引进的新技术几乎与地区技术或传统技术无关，严重威胁了传统建筑技术的生存和发展，也加速了我国现代技术的去根化。

由此可以看出，技术转移是一柄双刃剑，削足适履的方法固然不可取，但也不能因噎废食去排斥技术，关键在于我们要引进那些与自身技术支持力相适应的外来技术，并在其中对其实施民族化。

3）技术活动中建筑师角色的现实困境

现代意义上的建筑师是工业经济时代社会分工趋细的必然产物。随着现代科学技术的发展，建筑领域内的专业分工和责任环节的明确化和独立化，建筑师在建筑业中的角色定位发生了根本性的历史变革，该变革的典型标志就是专业化的建筑师事务所和建筑公司体制的出现。这种体制使建造过程被人为分割成工业生产的流水线，而建筑师则成为流水线上只负责图纸化建筑设计的一环。在效率优先的最高原则指导下，传统建筑师全才型的角色职能被尽可能地剥离出去，规划师、经济师、各工种设计人员承担了大量原本属于建筑师的工作，而资本运作、建材生产与建筑施工过程则基本与建筑师无关。这种分化直接导致当代建筑师的现实困境：建筑师角色职能中的技术成分被最大限度地自愿剥离，建筑师日益成为本领域内的"技术无知者"，他们在沉迷于形式游戏的同时，也拱手交出对建筑业的全面领导权；建筑师在整个建筑业中的角色从"全能英雄"的龙头地位逐渐降至边缘化的从属地位，为了赢得最后一丝"职业尊严"，艺术追求与文化关怀就理所当然地成为他们的最后一根救命稻草与最后一面挡箭盾牌；但是，失去知识（技术）凭恃的建筑师们，其工作变得似乎太"通俗易懂"，太不具备"技术优势"，其最终结果是整个行业因"技术含量低"而陷入恶性的低水平竞争，并迅速导致利益的最小化[4]。

3.1.2　根源

1）根源之一："外发次生型"（"后发外生型"）现代建筑技术体系

中国的近现代建筑不是"内发自生型"，而是"外发次生型"[5]。1840 年鸦片战争的失败以及《南京条约》等一系列不平等条约的签订，开启了中国建筑现代转型的序幕，西式建筑开始大规模地引入中国各开放口岸城市，并由沿海逐渐向内陆的大河流域、铁路沿线地区推进。在建筑技术方面，不同于中国传统木构架技术体系的西方砖（石）木混合结构体系开始大规模引入，新技术（诸如大跨度、钢结构、多层砖木结构）也随着工业建筑的引入得以在中国实验、推广[6]。同时，西方的结构科学传入中国，使我国摆脱了古代结构工程沿袭传统法式、则例，依赖规范化经验的落后状态，真正建立了能够进行科学分析和定量计算的结构科学，也相应地推动了相关技术管理机构设置、立法、执行等尝试性工作，这对中国近代建筑技术的发展起了很大的促进作用。从历史角度来看，在当时的中国，西方建筑技术代表着"现代"的建筑技术，"引进"的也就是"现代"的，而且，在一些特定地区，建筑技术在器物的层面上已经达到西方先进的技术水平。

诚然，这种"外发次生型"现代建筑技术体系的建立，使我国可以快速地"移植"西方建筑技术体系在冲突与争论中累积起来的现代化；但是，

[4] 周榕. 知识经济时代建筑师角色解放与价值回归[J]. 建筑学报, 2000（1）: 53-55.

[5] 吴焕加. 现代化·国际化·本土化[J]. 建筑学报, 2005, 1:10.

[6] 李海清. 中国建筑现代转型[M]. 南京: 东南大学出版社, 2004: 100.

没有经历在建立现代化过程中的痛苦与挣扎，少了一些各种现代思潮的碰撞与争论，少了西方一点一滴累积起来的现代化的基础，这就注定中国现代建筑技术体系必然存在着一些先天不足。最典型的特征就是，西方现代技术发展背后现代化的生产方式、管理体制和相应的意识形态，而我国建筑技术的现代转型以物质层面的现代化为先，尔后才逐步形成体系的现代化，即对技术物质的现代化的关注先于对技术本质的现代化的关注。这样一来，技术的器物层面与技术的制度、观念层面在时间上发生了错位，这一错位给我国现代建筑技术的发展埋下了"头痛医头，脚痛医脚"的病根；同时，由于存在时间与空间上的延迟与差异，在区域间甚至同一区域内不同地点，现代化不平衡的现象也比较严重。这种影响一直延续到当代，成为影响中国当代建筑技术健康发展的瓶颈之一。因而，在实际建造过程中，尽管我们对技术的物质层面极为重视，倾注大量的精力和财力，或加大投资力度，更新建筑设备，而建成后总体效果不佳的问题始终困扰着我们。发展的经验告诉我们，技术的现代化不是通过单纯地移植就能得到的。显然，我国现阶段建筑技术究竟是先进还是落后，很难用一个准确而简洁的词语来回答。

此外，我国现代建筑技术的发展是随着帝国主义的入侵"打"进来的，并非通过对等地位的交流而"传"进来的，中国人是在"技不如人"的情况下被动地接受西方的建筑技术。后来，由于多种因素的影响，麦当劳式的"速成"使中国建筑师还没来得及认真思考与检讨，自主发展的机会又稍纵即逝，一直到现在，在许多方面，我们还不得不一次又一次地依靠外力来解决我们技术现代化的问题。正因如此，1840 年以后的"三千年未有之大变局"，让中国人在"中"与"西"、"体"与"用"之间存在着一种复杂的心结。不少建筑师急于摆正中西关系，在"中体西用"和"西体中用"之争的死胡同里左突右冲了一百余年，最后的结果还是"中不中、西不西"，什么体也没立住。可见，外来技术的转移与内化始终是困扰近现代中国建筑技术发展的主要问题之一。

所以，我们必须正视的一个事实是，发达国家的技术进步源于它们从一开始就引入了科技与经济融为一体的互动创新模式，其不断升级和发展是整体性的，不论是渐进发展还是迅速跨越，都属水到渠成、顺理成章。而发展中国家往往出于各种价值考量，仅将技术作为发展的手段，试图通过技术的局域性发展，既获得经济利益，又不丧失特定的价值诉求。这种努力往往吃力不讨好，但激进的变革或许风险更大[7]。简而言之，缺少了技术的器物、制度和文化层面的总体性转换，外科手术式的技术引进只能导致依附性的发展和边缘化的结局。

2）根源之二：匠师传统的式微

中国传统观念所谓："形而上者谓之道，形而下者谓之器。"工匠所处理的仅仅是土木结构之类，属于"器"，是低级的东西。在古代正统史学中，工匠通常被认作是贱枝末流，像李春这样的"大匠"只能在唐人张嘉贞的碑记中留一个名字，生卒年月、事迹生平，再无一字道及。至于一些野史，偶尔留下了一些人物事迹，但是否名实相符，还大有可疑。其实，认真研究中国的建造历史，自然会发现中国"匠人"的另一面，他们并非仅仅属于形而下之"器"，而且"器"也不是什么低级的东西。事实上，这种"道""器"分割论，使中国的"工匠"们在很长的一段时期内没有得到应有的重视。

直到 20 世纪初，随着现代建筑师的称号及其知识传授方式由西方传入中国，上述情况才发生变化。与依靠师徒相授、父子相传的古代"工匠"大不相同，早期的中国建筑师的产生主要有两大来源：其一是留学西方学习建筑学专业或土木工程专业的建筑师，如吕彦直、鲍鼎、梁思成、杨廷宝、刘敦桢、童寯等；其二是在国内学习建筑学专业或土木工程专业的建筑师，如孙支厦、张镛森、黄元吉等。可以看出，他们的知识背景和培养方式完全不同于古代工匠，其正规性及紧跟时代潮流的学习过程已与今日无太大差别，具有明显的"科班性"特征。他们一方面学以致用，积极投入建筑设计、施工与行政管理领域，推动了中国建筑活动的现代化、正规化；另一方面还积极引进与推广西方"正规的"设计教育体系（特别是学院派的教育体系[8]），自办建筑教育，传道授业，为中国培养新一代建筑师并使之传承不断。值得一提的是，早期的中国建筑师认识到中国传统建筑是一独特体系，应当弘扬，因而在他们兴办建筑教育时，便立即把中国建筑列入课程中。通过他们不懈的努力，营造技术和建筑设计等也渐渐被广泛理解，进一步转变了世人所抱有的建筑属于形而下之"器"的成见。

此外，以张锳绪（1911 年出版的《建筑新法》之作者）、葛尚宣（1920年出版的《建筑图案》之作者）为代表的专业人士，利用"建筑是科学"

[7] 段伟文. 被捆绑的时间：技术与人的生活世界 [M]. 广州：广东教育出版社，2001：255.

[8] 在建筑领域，"学院派"一般是指 18 世纪末以后法国巴黎的"美术学院"（Ecole des Beaux-Arts，"鲍扎"）的建筑学说。当然也有人认为，这一学说的开始是在一个多世纪前的法国"皇家建筑研究会"（Academie Royale d'Architecture）。它的出现，无可争辩地促成了当时建筑学说的系统化，早期正规建筑教育体系的成型与传播。而且，这时期的建筑学与绘画、雕塑等"同源艺术"学科几乎是始终同处一校。这一特点的结果不言而喻：许多课程及设施资源可共享，校园氛围必然是"艺术"占主导，而"技术"类教学势必薄弱，"建筑是艺术"便是名正言顺的了。直至现代主义出现时，"建筑艺术说"至少在世界上占了大半壁江山，是不容忽视的主流。（东南大学单踊教授）

来批评文人士大夫鄙薄工艺技巧之陋习，借助建筑的科学性以及随之而来的高贵与自尊，来提醒社会公众注意他们的专业性、现代性及其合理存在与发展。这些基于建筑自身行业特点的全新观念，结束了中国传统建筑要么高高在上的"礼"制系统，要么经工匠、梓人之手而难登大雅之堂的尴尬局面[9]。就这样，早期中国建筑师逐渐取代了传统工匠在营造活动中的主导的地位，大多数人利用"科班出身"得到了"正名"之需，进而快速地转换了原先"匠人"的身份，其社会地位也因此得到了极大的提升。

然而，传统意识的影响是广泛而根深蒂固的。脱胎于传统工匠的中国建筑师一直有意无意地否认自己的"工匠"出身，早期中国建筑师同样利用"建筑是科学"来抨击中国传统工匠，显然是通过他们的最薄弱之处来达到削弱其竞争力之目的[10]。或者强调建筑师类似于古代的"都料匠""大匠"等，至少不是"一般意义上的匠"，而是以全知全能的角色形象出现的，是建筑领域的"通才"。因此，"科班出身"的现代建筑师往往以"正统"自居，潜意识里承传了士大夫轻视技艺的习惯，凡论传统工匠必以指导者心态视之。如对我国南方建筑庭园的巧变，一概以计成《园冶》的"业主之巧"视之，既是业主之巧，则匠人之巧也就不是那么值得记录与分析；既是业主之巧，业主的主流论述之外的知识（如工法、尺寸、风水）也就不足以观[11]，这其实还是传统观念在作祟。因为，在不少建筑师眼中，一般意义上的匠和普通百姓比起来，仅仅多了祖传的手艺，从意识形态上来说，匠人等同于农民，文化上不比布衣多识几个字，时下甚至成为"民工"的代名词，仍属于低档次的手艺工匠和粗重行当。受之影响，不少建筑师下意识地在"建筑师"与"匠"之间人为地竖起一道隐形屏障，唯恐自己设计的作品被扣上"匠气"的帽子。事实上，古代的工匠是一个"组合体"，否定了一般意义上的"匠"，也就变相地否定了传统工匠系统。

此外，传统工匠的技艺缺乏文字与图面记录及理性分析，无法纳入"现代"教育体系，加之传统工匠对外来技艺缺乏借鉴与应变的能力等因素，因此西方"正规的"设计教育从一开始就不能很好地衔接中国工匠传统，换句话说，中国现代设计教育与行业对我国传统工匠系统来说基本上是陌生的。譬如，由于在中国传统文化中向来尊崇传统，对理性思维不感兴趣及鄙视体力劳动，所以学院派的观点很对中国知识分子的胃口[12]。相对于现代主义（指发源于 20 世纪初期欧洲的第一代"现代建筑运动"）而言，

[9] 李海清. 中国建筑现代转型 [M]. 南京：东南大学出版社，2004: 139–155.

[10] 同 [9]，153.

[11] 余同元. 传统工匠及其现代转型界说 [EB/OL]. www.xinfajia.net/3515.html，2007–08–22.

[12] http://co.163.com/neteaseivp/enterp/gps/ 缪朴. 什么是同济精神？——论重新引进现代主义建筑教育.

学院派教育在我国现代主义建筑教育初期一直处于主流地位。而学院派在某种程度上过于注重艺术，忽略匠师本身技艺的巧变、材料与气候的应变，这为我国设计界后来出现的"重艺轻技"的现象埋下了伏笔。此后，传统工匠与传统技艺在市场（如传统工匠技艺因市场逐渐消失而找不到学徒）、现代教育体制、现代科技（相对于所谓风水迷信）等挤压之下而逐渐式微。

3）根源之三：目前国内建筑师中普遍存在浮躁心态

目前，国内大多数建筑师普遍都处在"忙"的工作状态，忙于物质层面的创造，而不是忙于思考。在比较有影响的建筑理论体系中，找不到一种属于中国人原创的体系。对西方当前主要的建筑文化与理论，国内不少建筑师缺乏对其所以发生发展的社会背景与社会参照系的理解，囿于对热点的跟踪与分析，很少联系实际提出新的见解，更遑论对其做出有力的批判。更有一批建筑师热衷于将建筑理论在不同专业与不同学科之间进行异位嫁接，在远离建筑学价值内核的外围对建筑侃侃而谈，他们的参与丰富了建筑学的外延，但在这喧嚣的背后又有多少属于当下建筑学理论的核心部分呢？而且不少"创新"理论在建筑学领域看来是很有创意的跨学科研究，从其他学科看则存在着贩卖其他学科理论之嫌，这种远离了专业操作的只说不做，最终只能流连于建筑学理论的边缘地带。

例如，从 20 世纪 70 年代起，为了应对环境破坏和能源危机，冠以各种不同称谓的"生态建筑""绿色建筑""可持续建筑"逐渐成为国际上的一道靓丽风景线，"低技术""轻技术""高技术""适用技术"等各种概念也相继问世。在这股"技术热"的冲击下，中国建筑师也迎头赶上，但大多数停留于对国外各种技术理论的引进、转述与修补之上。至于相关技术的实践，则局限于那些实验建筑师、明星建筑师们的作品之中。对于大多数建筑师来说，这些技术的应用其实是一种"秀"，一种技术的"表演"。他们注重技术表现而忽视对技术本质的追根溯源，借着对国外先进技术的"移植""染色"寻求快速的转化，模仿一些看似美妙刺激的杂志作品，利用形式的夸张来掩盖没有创意的事实，制造出一个个现代化的技术"幻影"。他们常常飞来飞去，停留几天（或几个小时）处理着规模非常大的项目，就是没有或很少时间与当地环境进行接触，这种蜻蜓点水式的规划和设计带来的后果便是随处可见的低水平重复。在这种喧嚣的背后，难以掩盖一个不争的事实：我国建筑技术的发展仍处于一个低水平扩张的阶段，我国的建筑师也逐渐被边缘化。

3.1.3 反思

1）对"器利"与"器用"的反思

如前所述，设计应当跟随时代的发展而发展。随着数字化媒介技术的广泛应用和普及，建筑师的工作方式也不可避免地受到了巨大的影响。借助于数字化媒介的便捷性，建筑师对思维转换的创新得到了最大的发挥，在设计过程中有了极大的自由度。对各种数字化媒介技术的强调与使用在建筑界似乎蔚然成风。这时候，不少人甚至认为传统建筑师的工作方式即将结束，而事实并非如此。因为，运用数字化媒介首先需要建筑师具有较强的理解力、丰富的想象力和具有把信息视觉化的转化能力，它要求建筑师具有多变的形式语言和高超的表现技能，并能在适应特定限制的同时充分发挥个性和意象的魅力。正如摄影技术的诞生并没有将绘画斩草除根，反而促进了对现代绘画产生巨大影响的艺术流派的出现，如印象主义、象征主义、立体画派等。同样，数字化媒介技术的应用并不意味着传统媒介技术的终结，二者并行不悖。一些优秀的建筑作品常常是利用传统与现代技术而产生的混合体。换句话说，建筑师在会用电脑前，就必须学会一些传统的媒介技术，电脑的运用是继续充实他的工具箱而不是限制他。对于那些痴迷于电脑的人，可支持各种高级软件和高性能的计算机反而为他们的设计增添了另一个负担。

当然，无论器物多么利，最终还是为了满足人类"有器之用"这一目标，即必须厘清技术的"手段"与"目的"之间的关系。正如最初原始人类切下石片作为工具，他关心的只是他用该工具可能获得的成果，而不是工具的材料组成或者工具是否具有最有效的尺寸这一类的问题。综观近年来国内建筑技术的发展，国内建筑师比较重视"器利"，这本来无可厚非，但不少建筑师陷入"器利"的追求而无法自拔，忽视甚至忘却了"器用"这一目的。例如，从水彩水粉到喷笔，到计算机渲染与动画，国内建筑表现媒介的更新换代绝不亚于国外，建筑师对媒介技术的关注远远高于建造技术、系统技术等。我们可以用计算机将建筑模拟得很"高技"，并配以许多理所当然的"理性"分析，乍一看，至少在建筑专业上我们已经"现代化"了。如在国外建筑师来华交流时，还能经常听到学生们私底下对国外一些表现技法的种种不屑，在"也不过如此"的议论中往往忽视了后续的技术。因而，在许多貌似现代的新建筑内，我们却看到国内外技术应用的巨大差距，而建筑师们总是将这种落后归结为材料技术、建造技术与系统技术等的落后。所以，"器利"不等于"器用"，用计算机模拟生成的建筑未必就比手工推敲而成的建筑好，我们应该明白：在窘迫的环境中，虽然只有最简单的工具，但人们照样能够创造出最为杰出的艺术品。

因此，不要老想着技术，不要老想着制作表现的媒介，因为技术和媒介在这瞬息万变的时代很快就会被淘汰，不会落伍的只有新思想。关键的是，一个建筑师应该运用他的媒介作为他的思辨方式。借助于功能强大的数字化设计媒介，一方面我们必须具备足够的鉴赏力去区分这些设计概念是如何形成的，另一方面我们必须了解如何经由不同设计媒介去实现这些概念。这两者具有同样的重要性。

2）对"游戏规则"的反思

"没有规矩不成方圆"，建筑师的设计同样离不开"规矩"——建筑业的法规、规范、标准，建筑师必须熟背"规矩"并按"规矩"工作。然而，"规矩"是从哪儿来的、是否合理，却很少有建筑师去关注。这好比一个拳击手，尽管他的拳法十分了得，但是缺乏对"游戏规则"的理解与抗争，最多只能算是一个平庸的拳师。此外，如果"规矩"总是由对手来定，那他只有连败的命运。当前，国内大多数建筑师就像这个拳师，过于重视和强调现行的技术标准与规范，这使建筑师变成无灵魂的工具。更值得注意的是，不少被建筑师奉为"金科玉律"的技术规范、标准等本身还存在着很多问题，它们甚至是阻碍我国建筑技术创新与发展的元凶。正如格兰·穆卡特所言："我们的建筑法规被预设为防止最差的，实际上它无法防止最差的，但最好的却被摧毁了……它们支持平凡的。"可惜的是，这种"游戏规则"却很少有建筑师去质疑、抗争。

尤其中国已经加入 WTO，为了与国际接轨，目前我们比照各种外来"游戏规则"对本国技术进行积极认证，如美国能源及环境设计先导计划（LEED）、英国建筑研究组织环境评价法（BREEAM），希望自己的能够被国外承认，忽视了本国规则的国际化。殊不知，这些"先进的""公平的"游戏规则大都是按照西方建筑技术体系和技术理念建构起来的，在西方技术中心论的强势推动下，西方的标准也成为世界的标准。而一旦行业标准任由这些外来"游戏规则"来调控、垄断，中国建筑的自主发展权利就会受极大限制和致命打击。中国建筑师只能顺应西方的建筑技术体系去思考，进行技术价值的选择，也就很难奢望技术具有什么"本土化""民族化"了。如我们木结构建筑的遗产保护与西方石构建筑的遗产保护是有很大差别的，如果套用西方的遗产保护规则，将会带来一系列的问题。另外，在国外进行设计时，建筑师所套用的被大众承认的规范、标准很多是由"美标""英联邦标准"演变而来的，这也变相地减少了中国建筑师开拓海外市场的机会。而这些问题正被当前国内建设热潮所遮掩，因为中国现在有相当大的建设量，我们不需跑到国外去竞争，相反，国内许多工程反而成为国外建筑师的"实验田"。但中国建筑师们可曾想到，一旦国内项目以后达到饱和再到国外去发展，面对对手制定的"游戏规则"，我们就没什么竞争力了，那时候，"国际化"也只能是一种单方面的幻想了。

因此，我们必须对技术应用的"游戏规则"加以重视，积极参与国内标准的讨论与制定，并最大限度地控制国际标准，推动更多的本国技术标准成为国际通用的"游戏规则"，致力于掌握制定国际标准的主动权，即将本国的技术法规、标准纳入国际标准，而不仅仅满足于为了取得建筑师的"资质"而去熟背标准和法规。

3）对"价值取向"的反思

每一个社会共同体都有它不同的目标与利益，有不同的社会运行机制和伦理规范，这就不可避免地产生了价值的差异、发生了价值的冲突。如建设方、政府、建筑师面对环境保护、可持续发展问题时，就会有不同的价值取向。至于目前楼市的一股"涨价风"、全国的一股"炸楼风"、高层建筑的"攀比风"等等也反映出目前国人普遍的价值取向。面对当前各种价值取向以及它们之间的各种冲突，我们需要从价值主体的不同社会角色、不同利益取向来分析，在各种利益冲突中寻求一个平衡点，尽可能地实现价值的实践整合，而不是空谈生态的平衡、代际间的平等、可持续发展等问题。

4）对"匠"的反思

由传统工匠系统的式微，我们可以看到"匠"在我国并不受重视，这与传统观念的影响是很有关系的。在传统意识形态里，"匠"是形而下的，不能登大雅之堂。因此，我国不少高校所开设的建筑设计专业，基本上是以培养大师为目标，大多数"科班出身"的建筑师不屑与"匠"为伍。许多设计能力较强的建筑师，一旦涉及细部几乎不知从何下手，建筑施工图深化不下去，将更多的构造大样推给厂家或套用图集。受这种风气的影响，我国建筑职业学校开设的建筑类专业也比较偏向方案设计，因为如果太"职业"了，扣上"匠"的头衔的学生将来转行难，事实上，相当多的建筑类职业学校的学生毕业后也很少从事本专业。这样一来，在建筑设计的大环节里，只剩下美妙的方案与粗糙的施工图设计，缺少了一个重要的"细化"环节，而建筑的细化环节以前大都是由"匠"来完成的，其中，许多"匠"扮演着"半建筑师"的角色。但是，目前这个角色在国内已逐渐消失了，一是国内建筑师大多数不想"委屈"自己，作为"大师"的他们更像是魔术师，挥一挥笔墨就变出了一栋房子；二是国内现代建筑技术的发展没有国外普遍存在的职业技术体系作支撑，在建筑分工上，建筑师之下就是"工"了，而"工"目前以农闲外出打工的人群为主，普遍缺少严格的职业培训，也很难扮演"半建筑师"（传统意义上的"匠"）的角色。

然而，建筑设计是需要级配的，好的方案构想只有落实到精准的细部设计才能构造出一个出色的建筑，缺少了"匠"的体验就很难以诗意的方式来表达构造之美。正如建筑大师路易·康所说："我说，我只是一个工匠，也非常以工匠为荣。"安藤忠雄也被日本的评论家Koji taki认为是"工匠"，甚于"建筑师"。所以，国内建筑师需要多一点"匠气"，以"工匠"的角度来看建筑设计、材料的特性与材料的组合也许才是设计的真正出发点。

3.1.4 小结

由上述可知，当前我国建筑技术的整体品质仍然偏低，其中既有整体技术状况（器物、制度、观念）落后的原因，也有建筑师对技术的认知与选择应用的问题。正如汽车技术的真正社会化，还需要售后服务系统的配套、道路系统的完善、交通信息的传递（如红绿灯）以及交通管理技术等。同样，建筑技术整体水平的提高，不仅要靠器物先进来解决，还需技术制度的完善、价值取向的引导，以及建筑师对技术态度的转变等因素的协调与发展。而当前，最重要的是需要树立整体性思维，回到对最基本的物理与自然定律的认知与应对之中，因而需要注重挖掘传统技术发展的内在动力，择优去弊，同时综合现代技术的发展优势，考虑技术制度与价值观的影响，最终才能从整体上提升中国建筑技术的水平。

3.2 整体性思维的提出

3.2.1 整体性思维的确立

"整体"（也可之称为格式塔，德文 Gestalt 的译音）是一个专用名词，意思是指"能动的整体"，它强调整体不等于部分的总和，整体乃是先于部分而存在并制约着部分，整体相对于局部有质的区别。整体性是着重于全面性、总体性，体现一种平衡和整合的复杂性。作为一个复杂的存在系统，建筑与太阳、风、雨、土地、温度和地下水、生物质或动物相互作用，共同构成一个有机的整体，映射着不同时期、不同地域建筑文化所形成的内在秩序。因此，在建筑设计过程中，建筑师要综合考虑各因素非线性的相互作用关系，确立全新的整体性思维。

纵观历史，在现代主义建筑之前，建筑思维是以直觉为特征的，整合是不重要的，少数的整合至多也只是在潜意识之际发生。17 世纪末，勒内·笛卡尔以机器的确定性代替了中世纪的浪漫，将宇宙视为一个大机器，这一观念影响了后来的现代主义建筑和城市思想。人们倾向于将事物分割成局部进行研究，将整体拆零，尽量还原为最小的组成进行研究，设想由最小的组成元素的性质决定整体的性质、规律。例如，建筑技术从操作过程上分为工作的、目标的，从类别上分为建筑的、结构的、水电的等；针对各种限制条件，技术细分成一个个子技术，针对各种"症状"进行逐一解答，以期获得对整体的推测。但是，各个"局部"不能拼结成一个"活"的有机体，建筑充其量只是一个集合功能的机器。实际的效果往往难以保证，甚至还会出现"一叶障目，不见森林"。

与现代主义建筑思潮中的还原思维（线性思维）正好相反，"整体性"思维把宇宙视为一个相互关联的整体，采取全面的观念考虑整体而不是局部。手法采用上，它不同于原先的"症状方法"，而是类似于中医式的"系统方法"。一般认为，"症状方法"是机器工业时代的，而"系统方法"是后工业时代的意识。譬如，"症状方法"对待头痛，是用止痛药来消除痛感；而用阅读眼镜来减少引起头痛的眼部疲劳，是系统治疗的方法。很清楚，系统治疗是只有特别的医生才能胜任[13]。在建筑方面，整体性思维与当前所提倡的节能、绿色、可持续发展的生态理念形成了一种默契，将建筑视为一个和它的使用者、文脉、环境甚至它自身系统有密切联系的有机整体，这也是只有具备整体性思维的建筑师才能胜任，其例子到处可见。如寻求节能方面，设计人员往往专注于建筑的围护实体采用何种材料达到隔热保温，采用最小的体形系数达到建筑与外界静态环境的对话，而忽视了建筑周边动态环境的营造以及生活在里面的使用者等。也许，当人们考虑如何将室内维持在某一适宜或规定的温度、为建筑节能绞尽脑汁的时候，而在戴勒姆·克莱勒思总部，公司董事长则告诉他的工人们"夏天太热时，你们要脱掉外衣，冬天你们要穿上毛衣"，那样做大概比什么都会提高能源使用率[14]。

然而，整体性一词，有时又会让人们联想到我国古人所崇尚的"中庸之道"和道家强调的万物有序、无为与平衡，但具体如何实现它可能异常复杂，甚至变成无所不含的大杂烩，最后可能做不出什么具体的承诺。为了避免产生这些问题，本书通过追溯我国优秀的传统工艺的发展，结合现代理性的技术思维，提出一些具体可行的技术措施。

3.2.2 应用原则

1）"在现在、在这里"

（1）"在现在"

不要老是惦念着未来的或所谓的高新技术，也不要总是懊悔、担心传统技术发展的断裂、传承与转型，把精神集中在今天要干什么。例如，传统的土坯房，它可调节室内外温差，夜里温度降下来，白天保持室内凉爽，而且在它的使用寿命结束之后，又会与大地再次融合为一体，因此按当前时髦的话讲，它是生态的、可持续发展的，而这些技术古人早已掌握，并且在一些所谓的"落后"与"贫苦"地区现在仍然在延续着。和现代技术相比，传统技术依靠人类对建筑与自然界的敏感性来实现设计，显然并不太需要有意识地整合活动。随着科学技术的进步，现代建筑取代了传统建

[13] 伦纳德 R·贝奇曼. 梁多林译. 整合建筑——建筑学的系统要素 [M]. 北京：机械工业出版社，2005: 11.

[14] 戴维·纪森. 林耕等译. 大且绿——奔向 21 世纪的可持续性建筑 [M]. 天津：天津科技翻译出版公司，2005: 172.

筑，传统技术的精神已经不再辉煌。建筑师寻求现代技术对自然进行"限定"与"强求"，这在给人类带来极大便利的同时，也产生了许多副作用，原本一体的技术与建筑自然就此割裂开了。因此，面对当前发展的困境，我们应放眼于现在，突破传统的线性思维，将工业时代的精确技术和待挖掘的传统建筑的敏感性整合起来，而不是简单地将传统移植到未来。

（2）"在这里"

我们在对国外技术的发展给予重视的同时，更应立足于建筑的地域状况、具体的基地条件、人文环境等建筑的内外部因素。譬如，在中国，由于建筑工人主要是来自农村的闲置农民，劳动力便宜，建筑业成为劳动密集型产业；针对目前国际建筑业全自动化的发展趋势，尤其是计算机辅助设计（CAD）、计算机辅助制造（CAM）技术的广泛应用，我们不能仅仅重视机器预制，而忽略了国内仍然广泛使用的手工制造。环视国内大部地区，尤其是在中西部及广大农村地区，大量采取手工制品和人工劳力的建造方式仍然延续着。在这里，手工制造至少同机器预制同样重要，外来先进技术的高效性、经济性有时也未必奏效，这在很大程度上造就了一种具有中国特色的、粗放型的建造模式。像印度建筑师里瓦尔所说："由于劳动资源便宜、丰富，我们可以在这儿做到的事，在西方却做不到。因此，方案的多样性、复杂性并不一定省钱，因为每一部分都是单独建造，相同还不如不同。" [15] 这也许对我们有所启发。

2）"多层次因素的动态整合"

不同于一般的孤立系统、封闭系统和一些近平衡线性区域的开放系统，开放性的建筑系统依靠与环境之间的能量、物质的交换，在远离平衡态的非线性区域，通过系统内自组织作用，经过"涨落"，不断从简单到复杂，从低级有序状态到高级有序状态进化，逐渐形成一个复杂的、多层次相互关联的整体。为了更好地表述建筑与环境之间的复杂关系，我们引入"多层次因素的动态整合"的概念，将建筑看成一个开放的整体，在建筑与环境相互作用的框架内，分析需要考虑的各层次因素。具体来说，它们之间的关系大致可归纳为以下几个方面 [16]：

（1）被设计系统的外部相互依赖性（系统的外部环境关系——地形、水文、植被、气候特征）；

[15] 王毅. 香积四海——印度建筑的传统特征及其现代之路 [J]. 世界建筑, 1990,（6）: 15-21.

[16] 徐小东. 基于生物气候条件的绿色城市设计生态策略研究 [D]. 南京: 东南大学, 2005: 18.

（2）被设计系统的内部相互依赖性（系统的内部关系——功能、结构等）；

（3）被设计系统与外部环境的互动性（系统与环境的关系——最小化影响，最大化节能）；

（4）被设计系统与人体舒适度的关联（人与环境的关系——最佳热舒适性）。

新加坡建筑师杨经文先生将此四种交互活动统一成一种简单的分类矩阵[17]：

$$(LP)=\frac{L11 \quad | \quad L12}{L21 \quad | \quad L22}$$

注：LP = 分类矩阵　　　L11 = 内部相关性

　　1 = 建成系统　　　L22 = 外部相关性

　　2 = 环境　　　　　L12 = 系统 / 环境交换

　　L = 相关性　　　　L21 = 环境 / 系统交换

这四种交互活动随着时间和空间的变化而相互影响，共同构成一个相互关联的整体。一方面，由于系统内的物质技术、社会文化、政治经济、自然条件等因素的相互作用，建筑环境系统自组织成有序的结构，并且通过系统内不断的起伏涨落，形成更加高级的有序的结构。另一方面，这种自组织能力在受到系统外力的干扰之下表现出"自愈"和"进化"的功能，但是，当干扰超出这一层级系统的"自愈"能力，达到一个"临界点"或"转折点"时，系统就会崩溃，或转化为新的结构。由于被设计系统内外因素的综合作用总是处于不平衡状态，因此这种互动的过程就永远不会结束，这种不完善的不平衡性，刺激了系统去探索、去进化。在这过程中，建筑对变化的环境做出动态的响应，从而达到了相应的整合。

值得注意的是，在非线性区域，小的原因也可能引起大的变化和影响，正所谓"一只蝴蝶在巴西扇动翅膀，会在得克萨斯引起龙卷风"。因而，在处理建筑与环境的相对关系时，建筑师应摒弃因果决定论式的线性思维，

[17]　Richards I. T. R. Hamzah & Yeang：ecology of the sky[M]. Australia: The Imames Publishing Group Pty Ltd, 2001：8.

从系统的、综合的、非线性的角度去考虑问题，从整体的角度把握建筑系统复杂的、多层次的关系，整合相关因素以达到系统的最优化。

3.2.3 技术方法

自然对我们的人居环境具有非同寻常的意义，没有大自然的恩惠，无论什么样的人居环境，以及人居环境所支撑的生活都无从谈起。但是，对待自然，我们也有必要理解路易斯·康所说的一句话所表达的另外一层含义，他说，"在没有人工控制的情况下，太阳光有时对人类来说甚至是充满暴力的"[18]。可见，自然对于良好的人工环境是不可或缺的，但也需要适当的控制与引导，这样才能为人类所用。

1）调控的技术模式

在 19 世纪末，在用电供暖、制冷和照明之前，这种"人工控制"还是属于建筑师领域的工作，人类感觉舒适的环境是通过建筑物自身和一些设备的设计来获得的。如通过建筑体形、朝向、材料、构造节点等的设计，并和机械设备相结合实现室内采暖、照明、通风等，他们通常采用的是"被动式"方法（不用电器或机电设备），尽可能地利用自然条件来解决建筑与环境的问题。

到 20 世纪中叶，情况出现了惊人的变化。随着以消耗能源为基础的机械类处理技术的不断进步，一种摒弃了"被动式"策略的新型高层、大跨度建筑逐渐出现。它们使用了全新的表达方式——"主动式"方法，利用大多数人都可支付得起的廉价能源，依靠人工机电设施维持建筑环境，尤其是建筑的室内环境，它很容易地就为人类解决了舒适性的问题。因此，建筑师不再直接面对建筑环境方面的需求，开始依赖设备工程师，依赖非建筑性的技术手段，以达到建筑环境的目的。在此建筑与环境的互动中，似乎只有工程师和他们的机械设备及电气系统才对建筑环境的需求有所反映，而自古以来人们摸索形成的一套建筑传统的技法逐渐被人们所遗忘。

不幸的是，1973 年以来的数次能源危机带来了现代"神话"的破灭，即把大量的能源投入建筑不一定能带来最舒适的建筑环境，用复杂又高科技的机械创造的人造环境也不一定就是优质的建筑环境，这已经得到了大

[18] 彰国社. 国外建筑设计详图图集 14：光·热·声·水·空气的设计——人居环境与建筑细部 [M]. 李强, 张影轩, 译. 北京：中国建筑工业出版社, 2005: 7.

众的普遍认同。面对建筑的环境污染问题、能源消耗问题，人们有必要重新审视早先的"被动式"策略，对那些被遗忘了的却能从根本上解决问题的营造技术所包含的深邃理念和智慧进行重现。这就要求建筑师直接面对建筑的环境需求，重新扮演起重要的角色，通过建筑的自身设计解决或缓解这些问题。然而，现在真正能将此应用到实践中的建筑师却少之又少。正如拉尔夫·L 诺莱斯所说："事实上，我们的学校现在已经培养出几代建筑师，他们对环境的适应，都只依赖于非建筑性的方法。这一方法存在的问题正在暴露，部分原因是能源消耗遭遇窘境，但我的观点更倾向于，主要的原因可能还是对建筑的表达方式的质疑已经出现。作为职业上和艺术上的两难命题，有人对此稍有微词，如果所有环境问题都可以通过化学手段和机械手段加以解决，又有谁还需要建筑师？"[19]

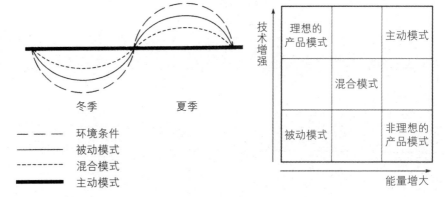

图 3-1 3 种技术模式对环境的调控能力不同（左）
图 3-2 各种建筑运行系统的模式关系（右）

正是在这种背景之下，当代建筑师有必要回顾历史，深入传统，挖掘传统技术的潜力。当然，在技术手法上，我们提倡"被动式"方法的同时，也没有排除应用"主动式"方法，虽然"被动式"的调控方式可以实现最大限度的能源节约和环境保护，但是从有效利用能源和满足建筑使用的健康和舒适的要求出发，建筑师还需认真权衡，以便获得最佳的技术方案。例如，一种介于两者之间的，部分依靠建筑物自身设计部分依靠采用人工机电设施的"混合式"方法的提出，就为设计者提供了一种新的思路，但问题的关键还是在于建筑师如何在度上的把握（图 3-1、图 3-2）。

2）基于建筑学的技术方法

建筑与环境之间的互动是通过三个层面来完成的[20]。第一层面建筑自身形式与骨架的基本设计（由建筑师完成），第二层面对被动式系统的设

[19] 诺伯特·莱希纳. 建筑师技术设计指南——采暖·降温·照明 [M]. 张利，等译. 北京：中国建筑工业出版社，2004: 521.

[20] 同 [19]，10.

计（主要由建筑师来完成），第三层面机械设备与机电系统的设计（由工程师完成），对任何建筑的设计，不管是否有无意识，都或多或少地包含了以上几个方面。其中，第一、第二层面是靠建筑物自身的建筑学设计来完成的，第三层面主要是利用不可再生能源的机械设备来满足前两个层面所不能满足的需求量，这三个层次的设计方法在某种程度上共同决定了舒适、经济、节能和可持续建筑的产生。如诺伯特·莱希纳所言："对第一和第二层面的重视可以轻而易举地使机械设备投资降到50%，如果再多些心思的话，这种节省有可能达到90%。在某些气候条件下，建筑甚至可以设计成完全不使用机械设备。"（如表3-1所示）

	采 暖	降 温	照 明
第一层面 基本建筑设计	节能 1. 表面积与容积的比率 2. 隔热 3. 渗透	避开暑热 1. 遮阳 2. 室外色彩 3. 隔热	昼光 1. 窗 2. 玻璃种类 3. 内部装修
第二层面 被动技术	被动式太阳能 1. 直接获取 2. 图洛姆（trome）保温墙 3. 太阳室	被动式降温 1. 蒸发降温 2. 对流降温 3. 辐射降温	昼光照明 1. 天窗 2. 高侧窗 3. 反光板
第三层面 机械设备 和机电系统	加热设备 1. 锅炉 2. 管道 3. 燃料	降温设备 1. 制冷机 2. 管道 3. 散热器	电灯 1. 灯泡 2. 灯具 3. 灯具位置

表3-1 建筑物采暖、降温和照明设计的三个层面设计手法。

可见，基于建筑学的技术方法的应用，关键在于建筑师对第一、二层面的把握。其中，第一层面主要是建筑材料的技术，它包括建筑材料的特性、材料的空间组合、材料的结构形式和构造方法等。第二层面主要是利用自然能源及人力资源的系统技术，与第三层面的技术相比，它没有太多的"强使"特征，更关注对自然能量的引导与利用（图3-3）。目前，建筑师在第一、二层面上的这种探索，在某种意义上说是一种传统的"回归"。因为，在过去，传统的匠师们不能像现代建筑师一样依赖现代的机电设备来控制建筑的采光、通风、保温等，这是一个不利因素，同时也成为一个优势，它意味着匠师们要从建筑的本身着手，完成建筑对环境的需求，而这正是传统技术的精髓所在。因此，借助于现代的"器物之利"，建筑师可以更好地归纳与总结以往的技术经验，去挖掘传统技术的潜力。

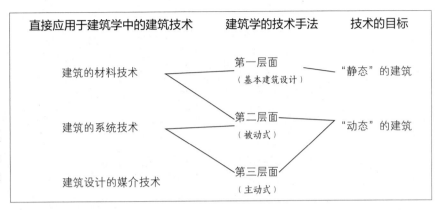

图 3-3 直接应用于建筑学中的建筑技术与建筑学的技术（本书所涉及的技术的主要范畴）

3.3　本章小结

本章主要对我国当前建筑技术发展的现状进行解析，进而提出整体性思维的概念，为下文全面展开对技术的器物、制度、观念（价值取向）提供了一个理论的基础。

（1）缺少了技术的器物、制度和文化层面的总体性转换，外科手术式的技术引进只能导致依附性的发展和边缘化的结局。

（2）将工业时代的精确技术和待挖掘的传统建筑的敏感性整合起来，而不是简单地将传统移植到未来。

（3）在过去，传统的匠师们不能像现代建筑师一样依赖现代的机电设备来控制建筑的采光、通风、保温等，这是一个不利因素，同时也成了一个优势，它意味着匠师们要从建筑的本身着手，完成建筑对环境的需求，而这正是传统技术的精髓所在。

建筑技术是一门科学，建筑技术的运用则是一门艺术。

——Roderick Males

4 传承与转换 ——建筑技术的器物应用

正如前文所言，我国的现代技术是产生于旧技术体系的极限，建筑技术的发展呈现出断裂倾向。这种断裂效应是我国建筑技术进化过程中的一种突变现象，因为技术环境是连续的，突变只是进化连续性内部发生的灾变现象，技术的进化仍要从"再生"的范畴来理解，这种连续性排除了"无根源的纯粹发明"[1]。因此，对建筑技术的研究仍要从本国的传统（发展的根源）着手，即从我国优秀的技术传统着手，对当代技术的发展方向进行分析与探讨。当然，在传统技术的"传承"与"转换"的研究过程中，必然会涉及外来技术的转移与转换，但从本质上说它只能算一种"外力"。由此，本章以传统技术的"传承"与"转换"作为主线（这里的转换包含了传统技术的转换与现代技术所延续的传统意向），不再单列外来技术的转移与转换（因为它已经隐含在技术进化的转换过程中），这是需要特别

[1] 贝尔纳·斯蒂格勒.技术与时间——爱比米修斯的过失 [M]. 裴程, 译. 南京: 译林出版社, 2000: 74.

说明的一点。

4.1 传统建筑技术的启示

传统技术有时看似简单，实则是古人在对自然规律深刻认知之后产生的相应工法，如下雨时如何将屋面表层的雨水快速排干，如何将渗透到基层的雨水二次排干并切断毛细现象，其中许多工法与现代技术相比并无二样，有时甚至更"生态"些。而先进技术也不在于新奇的设备，而是回到最基本的对物理与自然定律的认知与应对，许多被现代建筑师奉为"先进"的新技术其实仅仅是我们人类已经持续运用了几千年的方法的再现而已。在科技高速发展的今天，建筑师们开口闭口"高科技"，但许多建筑师在技术处理上，尤其是一些细部的考虑上并不比以前的匠师们多。事实上，对传统技术的漠视是对有限资源的一种极大浪费，建筑师有必要从传统技术里汲取灵感，避免重复发明。这有助于建筑师充分利用已有技术，对传统技术进行"转换"，发明更多有创造性的、节能环保的新技术，而不是仅仅把传统的一些"符号"移植到现代建筑中去。

4.1.1 "天工开物"与"巧于因借"的技术理念

在中国传统的匠学文化中，强调人与自然的协调与适应，这在两千年前的春秋战国时期就已定下基调，如"反璞归真""天人合一""天时、地气、材美、工巧"等等。然而真正从"技术"方面对人与自然的关系进行诠释的，当首推宋应星与计成，其技术理念——"天工开物"与"巧于因借"体现出中国传统造物设计的真正内涵。

"天工开物"反映出宋应星朴素的唯物主义思想。他引用的"天工"二字出自《尚书·尧典》，是对大自然力量的认可，强调自然客观物质在造物中的作用；"开物"引自《周易·系辞》，是对人的力量的肯定，表示人对自然的开发和利用；将"天工"与"开物"结合起来就是天人合一。天不以人的意志为转移，按照一定的规律运行，并能提供各种物质供人所需，但是有时天（自然）的资源不能充分满足人的需要，需要人运用自己的智慧想方设法去开发资源，这就传达出中国传统设计的一个特征：适应自然，物尽其用。

"巧于因借"（计成《园冶卷一·兴造论》）更是强调了设计者在营造过程中举足轻重的地位，正如计成所言"稍动天机，全叨人力"，这个观点尽管有点夸大了设计者的作用，但他十分清楚地意识到设计创意在整个工程中的作用。另外，他还突出了一个"巧"字，古人将"百工"称为"巧者"，"巧者"对自然的"借"，就是指设计者充分利用自然资源，趋利避害，而不是"强使"自然。

可见，"天工开物"与"巧于因借"的技术理念反映出古人重实践、轻空谈；重试验观察、轻烦琐考证；重实用技术、轻神仙方术的科学精神，不得不说这代表了当时进步的科学思想。

然而，对"巧于因借"思想的解读，后人侧重于"借景"，而对"借力"的认识有所不够，这也许与我国古代儒家的"君子轻器""轻技"的思想有关。正所谓"百工居肆以成其事，君子学以致其道"（意即行工匠在作坊内完成自己的工作，君子则通过学习来获得真理。出自《论语·子张》）"虽小道，必有可观者焉。致远恐泥，是以君子不为也"（意即即使是小小的技艺，也一定会有可取之处。但它对致力于远大的事业恐怕会有障碍，所以君子不会去干它。出自《论语·子张》）。儒学人为地将学者从工匠中分离出来，并从思想意识和地位上将学者传统和工匠传统进行区分，这在很大程度上形成了一道阻碍技术正常发展的屏障。因此，挂在建筑师嘴边的"巧于因借"就变成了"借景"，"借景"成为最重要的建筑创作思想和方法，有意无意地阻碍了建筑师对传统技术的"借力"的认识。

4.1.2 "体宜"与"因借"的技术手法

"体宜"与"因借"都出自明代计成所著的《园冶卷一·兴造论》："园林巧于因借，精在体宜，愈非匠作可为，亦非主人所能自主者"。但是，提倡合宜得体与有所因借的理论并非始于计成，之前，这两种理论广泛地存在于各类文献古籍之中。如出自《周礼·冬宫·考工记》的"知者创物，巧者述之，守之世，谓之工。百工之事，皆圣人之作也""天有时，地有气，材有美，工有巧，合此四者，然后可以为良。材美工巧，然而不良，则不时，不得地气也"，出自明代文震亨《长物志卷一·室庐·十七海论》的"随方制象，各有所宜，宁古无时，宁朴无巧""至于萧疏雅洁，又本性生，非强作解事者所得轻议矣"等等。可见，计成提出"体宜"与"因借"理论是传统建筑技术思潮发展水到渠成的结果。

　　在传统的匠学文化里，"体宜"是以过去的经验为法度，"因借"则以眼前的事实为起点，它们分别代表着两种不同的技术手段，反映了不同的建筑实践态度。具体来说，"体宜"讲求的是"尊体""奉法"，符合某些特定的规范标准，促使建筑符合策略所提出的指示，即形式的创制必须合乎前人的制造规矩才行，而这些规矩也成为匠作主管的考工依据，透露出一种"群体价值"取向的历史态度。如专讲"体宜"的《营造法式》（宋·李诫），行文之间"类例相从，条章具在"。而"因借"则致力于建筑与自然的关系，依赖自然天性生成建筑的本质形式，呈现出一种"天人合一"取向的自然态度。如《考工记》所记载的"审曲面势""材美工巧"，就表明了古代先民对自然规律的认识和掌握。整体而言，体宜的涵摄作用系一规范取向的，而因借的如同作用则要以技术形式去反映个体的内在素养，重点是在借力使力的手段上如何不露痕迹[2]。在实际操作过程中，"体宜"与"因借"并非完全二元对立的，它们往往存在于叠加现象里。

　　当然，无论是"体宜"还是"因借"，都离不开营造实践的主体，实践主体的性质及主体对事物的看法又反映出不同的实践态度。如《考工记》客观地将"实践主体"分为三等："知者"以创物，"巧者"以述之，"工者"以守之。其中，因袭规矩、准绳和尺寸，而无可变通的是世袭的"工者"；述而不作，有成说而无新义的为"巧者"；唯独有所见解得以执掌"造物"的人才称得上"知者"，"造物"只有在三者整合的情况下才能得以进行。这种"工巧"观念从根本上认识到人的创造性是最有价值的，因此，它是我国传统建筑技术理念中最重要的一点（图 4–1）。

图 4–1 传统建筑技术理念
　　示意图

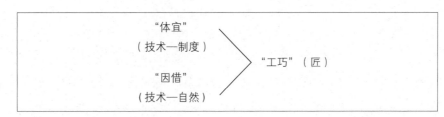

[2]　卢圆华. 中国民居建筑知识论——明清时期"主·匠兴造"的理论研究 [D]. 中国台湾：国立成功大学建筑研究所，2000：20.

　　由此，本章将从技术的器物层面，重点剖析"因借"所展现的技术的自然属性，至于"体宜"所涉及的规范、制度以及技术实践的主体——匠师等问题留待以下几章进一步讨论。

4.2 传统在现代设计中的传承与创新 —— 建筑的材料技术

梁思成先生讲过这样一段话："建筑之始，产生于实际需要，受制于自然物理，非着意创新形式，更无所谓派别。其结构之系统，及型制之派别，乃其材料环境所形成。" 从他的这段话里我们可以看出，建筑的发展从某种意义上看是材料的更新，材料的更新带来结构、型制和风格的变化，而各地区各民族的自然与社会环境的千差万别，又进一步促进了建筑的这种变化。因此，反思建筑的本质还需从材料、环境着手。

4.2.1 对传统技术的认知与需求

传统的建筑材料，如木材、石料和砖，在现代建造体系中依然具有很强的生命力，时至今日，对当今的建筑师而言仍然难以割舍，究其主要原因，大致如下：

（1）面对由钢筋混凝土加工而成的现代建筑，人们产生了抵触情绪和深层恐慌，意识到"现代"对建筑的有机性破坏。在受到物质欲流和情感失衡的双重困扰下，人们对"传统"的兴趣越发浓厚。恰好传统材料又具有一种回归的色彩，能够迎合人们怀旧心理的需求，利用这种"谦卑"而又"自然"的材料可以彰显建筑的地区特征与乡土传统，使人与自然的关系再一次回到从前，由此，人们对传统材料的亲切感也油然而生。如在川藏地区，石材是易得的传统地方建材，被广泛应用于建筑的外墙体与屋面，它的广泛利用使建筑与环境浑然一体，同时它渗透到地区生活习俗和精神信仰领域，使建筑散发出一种独特的民族与地域气质。

（2）为了推广使用可再生能源，必须考虑材料所包含的物化能量（如材料的生产、运输、施工以及后期维护保养等过程），回收再利用的潜能以及能源的有机更新，以求获得更多的经济和环境效益。如生土建筑可以就地取材，易于施工，便于自建，造价低廉，冬暖夏凉，节约占地，有利于生态平衡。因此这种古老的建筑类型至今仍然具有强大的生命力，现在全世界大约有 1/3 的人口还居住于各类生土建筑中。

（3）工艺技术的进步使人们能够突破传统材料的某种制约，重新探索其构造与美学的可能性。如在现代建筑中，在利用木材纵向强度等有利因素的同时，人们采用胶合的方法来改善木材本身结构中不利的各向异性。集成材技术就是其中一例，它具备材质稳定、强度高、形状制作自由等特点，使得大规模、大断面木造建筑成为可能，且易于防腐、防火等化学处理（如图 4-2 所示）。

图 4-2 日本出云体育馆

4.2.2 当前技术传承的局限性

强调回归自然而取材的生态理念以及挖掘材料本身的真实性、艺术性和人情味的意识，激发了建筑师使用传统材料的兴趣，给传统材料的应用注入了新的活力。人们开始对传统材料的经验数据进行归纳整理、理性分析，对传统材料进行再加工，提高材料的附加值，进一步拓展传统材料的使用空间。然而问题仍不少，笔者初步总结如下：

（1）很多人热衷于使用传统材料，但是，在他们眼中只看到了单纯的一种材料，而很少考虑到将它们结合起来使用。

这种观点忽视了材料应用的一个基本原则：所有的事物都应该被看成一个整体的一部分，没有什么是可以孤立存在的 [3]。因为建筑的功能是一个整体概念，它体现的实际上是构成整体的各类不同材料共同发挥作用所产生的效应。这一点在传统材料的应用中显得尤其重要。过去，由于人们能获得的材料与所掌握的技艺有限，单一的传统材料往往难以达到人们所希望达到的功效，为了摆脱气候环境的限制，需要将构成功能的各种材料有机结合成一个整体和谐的结构。具体地说，在每次建造实践中，人们首

[3] 琳恩·伊丽莎白，卡萨德勒·亚当斯. 新乡土建筑——当代天然建造方法 [M]. 吴春苑，译. 北京：机械工业出版社，2005：61.

先要弄清楚什么材料按什么比例结合才是适合当地的，然后在自然设计的原则下，利用可获取的建筑材料，采取被动式的调节措施，让每种材料发挥出它的最大作用。

譬如，传统的茅草屋面，茅草中的空气以及茅草与茅草之间的空气层，使茅草具有隔热效果。此外，室内空气通过茅草与茅草之间的空隙流出，还有很好的换气效果。虽然雨水会渗入厚厚的茅草层中，但由于屋顶坡度大，雨水会顺着茅草的走向自然排出。据说过去茅草被炉子的油烟熏蒸，反而增加了茅草的耐久性[4]。

随着现代材料技术的发展，人们不断突破旧有材料的限制，创造出越来越多的新颖材料，特别以复合材料为主的人工材料逐渐取代了占主流地位的传统材料。这样一来，以往需要整合多种材料才能达到的效能，现在只用一种单纯的现代人工材料就可以实现，因此，人们不用像以前那样去费尽心机处理各种材料之间的复杂关系。材料仅是计划中一个可以更换的方面，通过更换，材料因抵抗自然而形成的在造型和美学上的特殊力量被轻易地排除了。这是材料整体性的思考在设计过程中逐渐被人们忽视的原因之一（图4-3）。

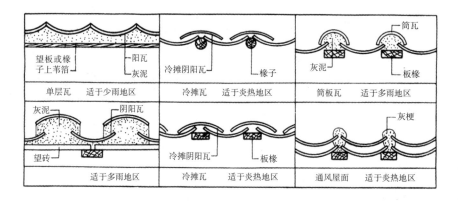

图4-3 小青瓦铺设形式
（材料的构造与造型对应于不同的地域环境）

（2）传统材料的传承局限于材料的材质与形态，忽视了与其相伴相生的传统工艺。

一般说来，材料的性能来源于该材料的内部结构，具有特定的性能"潜力"。工艺是在各种材料自身特征的基础上发展而成的一整套与之相应的处置技术。材料与工艺的关系，实际上就是能动的人对材料自然属性的遵

[4] 彰国社. 国外建筑设计详图图集14：光·热·声·水·空气的设计——人居环境与建筑细部 [M]. 李强，张影轩，译. 北京：中国建筑工业出版社，2005：54.

从和把握的关系。每种材料由于其"品格"不同，才蕴藏着构成美的特征。正如竹内敏雄所认为的那样，技术加工的劳动是唤醒在材料自身之中处于休眠状态的自然之美，把它从潜在形态引向显性形态。另外，在不同时期、不同地域，由于人们能够获得的材料与所掌握的技艺不同，建筑风格也会不同。换句话说，给出一个建筑实体，建筑师就可以根据其材料还原出其存在的地域环境、年代特征，根据其形式能进一步考证出该地域的人文特征、风土人情，做到真正意义上的地域性和民族性。

图 4-4 扬州、泰州地区传统的草屋面

以苏北泰州地区传统的草屋面为例[5]（图 4-4），其主材一般为当年收割的小麦秸（与当地所种植的大麦相比，小麦杆硬且易码齐）。做法如下：在每开间的纵墙之间架设檩条，间距视实际情况而定；然后，在檩条上架设木椽（或毛竹），再铺一层芦苇板，用湿泥抹平（有时中间夹一层柏油纸）；接着，由下而上铺小麦秸，到脊部一般用大麦秸满铺，用专用铁钩上下扯动，使草互相有拉接；最后，修剪、压实便可。这种屋面具有很好的冬暖夏凉的功效，取材方便且便宜。直到 20 世纪 90 年代，这种传统工艺在这一地区仍然比较流行，但 90 年代后几乎消失殆尽。除了经济、制度与观念发展变迁的缘故外，传统工艺的裂变也是主要原因之一。首先，由于当地使用机器收割小麦，小麦秸的形态发生了重大变化，与原先手工收割相比，小麦秸变得没韧性，硬度剧降且不易人工码齐；其次，民间匠师的消失使此种手艺逐渐失传。具有良好操作经验的匠人大都年事已高，年轻人无意从事这种行当，甚至原先扯草的专用铁钩也难以寻觅了。可见，传统工艺的失传直接导致了这种材料形式的消失，至于什么时间完全消失只不过是

[5] 笔者对苏北传统草屋面适用范围、工艺特征做过详细地实的考察，通过其变迁便可窥见传统材料与工艺传承与发展的困境。

早晚的事。再次，相对现代材料而言，这些材料是一种"穷人用的材料"，主要应用于广大欠发达地区，多半是没有经过论证的，即未能得到现代建筑标准认可的。这些材料在现代工程师的教育课程和建筑规范中很少提到，所以，对那些已经习惯于用砖、混凝土、钢等材料的现代建筑师来说，用此材料便显得力不从心。

所以说，传统的材料设计应被看作是传统材料与传统工艺的综合，并不断发展变化，将二者割裂开来讨论是毫无意义的。传统工艺反映了古代农耕经济条件下匠师对材料的认知与利用，忽视传统工艺而僵化地看待与应用传统材料，甚至在现代不同的社会背景下继续沿用，可以说是一种"死"的应用，是一种"考古设计"。因此，建筑师应积极汲取传统材料设计所涉及的优秀理念，借用传统材料设计的手法和灵魂，结合灵活的实际要求创作出全新的建筑作品。

（3）建筑实体处于一个多层次的自然之网中，各层次是一种相对关系，构成实体的材料也必然存在着相对的层级关系。

如亚里士多德所言，质料和形式作为事物的两个根本原因，在同一事物中是彼此对立不能转化的，质料就是质料，形式就是形式，但是超出这个范围，相对于不同事物而言，它们又是相对的，可以转化的。例如砖瓦对于房屋是质料，对于泥土则是形式。可见，高一层次的东西是形式，低一层次的则是质料，整个链条就是从质料到形式不断发展的系列，以器物形式出现的建筑实体同样处于一个多层次的自然之网中。因此，我们可以假定每一层次的材料 = 上一层次的材料 + 物化的制作工艺，譬如斗拱 = 木材（斗、拱以及梁枋等）+ 物化的制作工艺，这种组合体可以保护建筑物免受自然因素（地震、雨淋和日晒等）的侵害，中国传统匠师们就这样很巧妙地利用了木材资源。而过去，由于使用木材的地区很多，用低层次的材料来解释建筑的差异比较含糊，材料的时间与地域性得不到彰显，引进中观层次的材料概念（如斗拱）便很容易看出我国传统建筑的特征。所以说，我们不能将传统材料简单地归结为砖、石、木、土等。

再以泥土为例，泥土能够无损失、重复使用，所以这种建筑材料自古以来一直受到人们的重视。过去，为了摆脱气候环境和手工建造等因素的限制，土坯砖与夯土墙应运而生。人们开始制造多种不同规格与形状的土坯砖，每块砖大多满足"一只手能拿得起"的基本要求[6]（图 4-5）。同样利用泥土，德国对夯土墙进行了工业化的改造，开发出专门用于现场夯实土壤的一整套设备，如平整振动机，同时开发出工厂预制的夯土墙板块[7]（图 4-6）。可以说，相对于"土"而言，"土坯砖"与"夯土墙板块"是更高一层次的材料，它包含了一定地区、一定时期物化的工艺。虽然二者都是利用"土"这一传统材料，同样都是捣夯泥土，但材料已是旧瓶新酒，今非昔比了。当然，这还只是从材料的物理性能去考虑的，如果再算上使用的化学手段，差距就更大了。所以，如果仅仅将"土坯砖"与"夯土墙板块"看作低层次的材料——泥土，一定会阻碍我们的判断。

图 4-5 "一只手能拿得起"的土坯砖（左）
图 4-6 工业化预制生产的夯土墙（右）

4.2.3 技术策略与措施

"新"的不一定就是好的，有可能还是错的，重要的是要了解技术和材料的使用目的，因时因地，因材施法。例如，砖是一种使用了数千年的传统材料，经过制造和施工工艺的改进，自重降低了，材耗减少了，保温、隔热性能提高了，有助于加快施工速度并提供了全天候施工的可能性，这种传统材料的新用法便很有意义。所以，有缺陷不是材料的错，没有任何材料比其他材料更"当代"，材料没有好坏之分，只怪用它的人把它用错了。遵循这样的思路，我们可以去发明、尝试新材料和新技术，寻找建筑与材料之间的特殊"相遇"。

1）对传统材料进行颠覆性地使用

材料在自然界中不是孤立存在的，而是通过造物与人发生联系、为人所用的。在应用的过程中，材料的有些性能比较突出，而另外一些则被轻描淡写，其中，起主要作用的性能往往被视为材料的专有属性，成为人们选择与利用该材料的主要动因。而且这种材料的长期使用必然对使用者产

[6]　普法伊费尔，等. 砖砌体结构手册 [M]. 张慧敏，等译. 大连：大连理工大学出版社，2004: 31.

[7]　预制夯土墙板块 [J]. DETAIL 建筑细部，2003(6): 52.

生深刻的影响，形成一种习惯性。这种习惯性便形成了材料的地域性与情感性，使人们对所熟悉的材料表现出恋恋不舍地怀旧与向往。

但是，事物不可能一成不变。随着现代技术的发展，材料的各种性能得到了进一步挖掘，以前所谓的一些次要性能逐渐被人们重视，甚至转化为当前应用的主要性能。这些以前未被重视或认识的性能得到了更好的利用和发挥，显示出新的独特个性。当然，材料原有的主要特性也没有因人工的创造而消失。因此，当代建筑师应突破传统材料习惯性应用思维的"限制"，利用新技术创造出传统材料的新形式。如砖石材料很常见也容易获得，通常用于建筑的维护与承重，随着对砖石材料蓄热性能的研究，不少类型的砖石材料在应用过程中，其主要性能从维护与承重转化为隔热与保温，赫尔佐格和德梅隆设计的多明莱斯葡萄酒厂就是对传统材料进行颠覆性使用的一个经典之作 [8]。

多明莱斯葡萄酒厂位于美国加利福尼亚纳帕山谷，当地昼夜温差大，适宜酿酒用的葡萄的生长，但是对酒的储藏和酿造不利。波尔多著名的葡萄种植兼酿酒商 Christian Moueix 经过与其他许多土地的比较，发现了这块土地的价值，决定建造一个工厂。针对这里的气候特征，赫尔佐格和德梅隆试图使用当地特有的玄武岩作建筑材料，利用它白天阻隔、吸收太阳的能量，晚上将其释放出来，平衡昼夜的温差。但是附近可以采集的天然石块比较小，无法利用，于是他们设计出一种用金属丝编织的"笼子"，把形状不规则的小石头装填起来，形成尺寸较大的、形状规则的砌块。根据内部功能的不同，铁笼的网眼有不同的规格。其中，大尺度的可以让光线和风进入室内，中等尺度的用于外墙底部以防止响尾蛇从填充的石缝中爬入，小尺度的则用在酒窖和库房的周围，形成密实的遮蔽。这种"石笼"装置改变了原有小石块的特性，让小石块的"聚集体"具有了一种变化的透明特性，创造出一种极具震撼力的效果，显示出一种全新的建筑个性（图4-7）。在这栋建筑内，石材的"隔热与保温"的天然特性被阐述得淋漓尽致，这种适应并利用地方气候特点的建筑，打破了人们对石块性能的习惯性认识，通过创造性的构造方式，实现了材料的颠覆性使用。在对传统材料再利用的摸索过程中，建筑师找到了一种全新的可能性。

[8] 大师系列丛书编辑部. 赫尔佐格和德梅隆的作品与思想 [M]. 北京：中国电力出版社，2004：13.

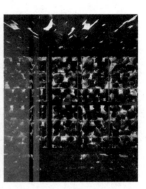

图 4-7 多明莱斯葡萄酒厂

2）对传统材料使用"限制"的突破

为了使材料具有更广泛的适应性，人们不断突破材料的限制，对材料的内部结构进行改造，使其摆脱气候环境条件的束缚，进而促成了新材料的产生，如土坯砖经过砖窑的烘烤便摆脱了气候环境条件的束缚。所以，挖掘传统材料的潜力必须排除其在应用过程中所受的限制，对材料的自然属性或原有属性进行改造。

（1）通过对材料的选择和形式的搭建，提高材料的附加价值

材料性能的显现离不开材料的形式，材料通过搭建的空间和形式发挥出惊人的能量。因此，人们利用传统材料，在尊重和把握材料的自然属性的同时，还必须重视材料的加工，提高材料的附加价值。在这个过程中，有一点需要指出，材料的性能来自材料的内部结构（不同的内部结构决定材料不同的物理与化学性能，从而决定一定的制作方式及技术表现），人们对材料加工改造的初步目的在于成型而不在于改造材料的固有性质。

首先，发扬"就地取材、材尽其用、因材施法"的传统。先秦古籍《考工记》曾说："天有时，地有气，材有美，工有巧，合此四者，然后可以为良""轮人为轮，斩三材必以其时""善者在外，动者在内"等，这些说明了材料的选择与使用的规律。所以，在一个优秀的建筑里，建筑材料各自的特征往往得到了很好的利用、保护和发挥，它以自己不同的品质区别于异类显示着自己的个性。正如德国建筑师密斯所说："所有的材料，不管是人工的或自然的都有其本身的性格。我们在处理这些材料之前，必须知道其性格。"

其次，优化材料搭建的"型"，发挥材料的整体优势。没有"型"也

就没有材料性能的显现，"型"在某种程度上是材料在使用上的突破，使抽象的或理论意义上的材料具有了更大的自由度，提高了材料对自然气候与建造条件的反束缚力。然而，在研究材料具体属性时，人们常常关注材料的自身特性，而对材料"型"的整体属性没有给予应有的重视，有时甚至简单地将之归结于结构与构造中去，缺少一种材料的层次概念。这样一来，材料的工艺性便从材料性能中轻易地抹去了，进而也抹去了材料的时空属性。以下以土及土制材料（以土搭建的形式）为例，说明材料"型"的重要性。

图4-8 制砖、砌砖

土经过挤压成"型"，土坯砖经过砖窑的烘烤，便摆脱了气候环境条件的束缚

土被认为是最重要的原始建筑材料，目前有将近1/3甚至一半的人群仍然居住在黏土制成的房屋中[9]。土具有价廉、无毒、隔声、隔热、调节湿度、防辐射好等优点，但缺乏稳定性、遇水膨胀等缺点也很明显。为了克服这种限制，人们尽量使土成"型"，并通过物理和化学的工序，使它能抵抗风蚀和雨水的冲刷。土、土坯、袋装土（模数泥土）、夯实泥土、夯土墙大板、烧制砖等就是当前以土为原料，经过挖掘、夯实、晾晒以及烘烤等多种加工工序形成的多种"型"的材料。如坯、烧制砖等传统砌体，以"一只手能拿得起"作为"型"生成的原则，它的背后是以手工业为主导的建筑业支撑的，具体的建造工艺又展现着不同的地域特色和风格（如英式砌法、美式砌法、哥特式砌法等[10]）（图4-8、图4-9）；而袋装土、夯实泥土、夯土墙大板[11]（图4-10）则代表着另外一种建筑风格，用界面来限定土的"型"，可以手工现场操作，也可以机器化规模化预制生产，与前面几种土制材料相比，建造的理念与建筑的个性相差悬殊。显然，将它们仅仅归结为传统的建筑材料——"土"的应用则有些过于笼统了。

所以，对传统材料的分析与应用不宜只局限于低层次的材料层面，更应重视研究中观层次的材料（一种低层次材料与物化的工艺的结合体），从材料与工艺的交叉发展中去把握传统材料在现代建筑中的应用。如赫尔佐格和德梅隆所设计的"石笼"，它由石块和钢丝组成，材料孰旧孰新无从谈起，也许称"石笼"为一种材料更为恰当些。因而，在设计中任何大胆的改造、尝试都应该提倡，包括多种材料的结合（自然材料与工业材料的结合，传统材料与现代工艺的结合等）使用。

（2）固化有利因素，生成新的传统材料

由于气候环境的影响、自然力的侵蚀和建造工艺的实践应用等因素的

[9] 理查德·韦斯顿. 材料、形式和建筑 [M]. 范肃宁，陈佳良，译. 北京：中国水利水电出版社：知识产权出版社，2005：17.

[10] 普法伊费尔，等. 砖砌体结构手册 [M]. 张慧敏，等译. 大连：大连理工大学出版社，2004：34.

[11] 琳恩·伊丽莎白，卡萨德勒·亚当斯. 新乡土建筑——当代天然建造方法 [M]. 吴春苑，译. 北京：机械工业出版社，2005：158.

限制，传统材料的耐久性、力学适用性往往难遂人愿。因此，传统建筑，特别是用黏土、木材等自然材料的建筑，一般每隔一段时间就需要修整或重建，这种更替传承形成了一种传统建筑发展的特有规律。然而，我们又时常惊奇地发现，许多利用传统材料建造的建筑至今已存在上百年，而且效果依然很好，因此，我们有必要分析其坚固耐用的原因，合理地引导各种有利因素，使传统材料能够更加"益寿延年"。

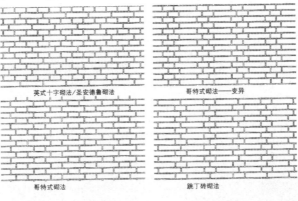

图 4-9 土坯砖或烧制砖的砌法

4-10 袋装泥土的施工法

一方面，分析材料的外部存在环境，固化与模拟有利的环境因素，扩大传统材料的使用范围。如我们考察古建筑时，常发现其深埋于地下水位的木桩结构往往保存比较完好，尽管经过几十年甚至上百年，其强度等性能仍基本稳定。现代研究表明，木材含水率在纤维饱和点以上时，其性能基本不随含水率的变化而变化，木材强度和耐久性较差的主要原因是由环境干湿交替变化引起的，因而保证木材处于同一恒定环境非常重要。如果我们将木材的外部环境尽量固化，其使用寿命也必然得到提高。

另一方面，发明一种新的加工方法，将各种有利因素固化到传统材料中去，生成一种新的传统材料（即每一层次的材料 = 上一层次的材料 + 物化的工艺），使其具有了传统材料的"壳"、现代材料的"芯"。以日本传统的竹子加工法为例，也许能给我们一点启发[12]。

日本传统农家住宅内的竹制天花不少已经沿用了上百年，防蛀、防湿效果仍然很好。现在研究表明，从敞开的壁炉里冒出的炊烟在排出室外之前漂浮过天花板上空，经过长年累月的烟熏天花板上的竹子框架被涂上了一层类似于木馏油的保护薄膜，同时也使竹子变得完全干燥。而传统的未经烟熏处理过的竹子建筑只能持续使用 10 年时间，而且由于虫蛀等缘故使它变得更加脆弱。

但是，随着时代的发展，人们不可能也不会去复制原先的居住环境，因而将原有的各种有利因素物化、固化到新材料中去便显得十分重要。具体实施措施如下：首先，采集的竹子经过仔细地挑选和分类后，被送到特别加工厂去进行人工风干，在风干过程中，不时地翻动竹子，尽量使每根竹子晒得均匀且不致开裂；然后，在地上铺一个与竹子差不多等长的木炭坑，将竹子悬在碳堆上进行烘烤，快速烟熏，利用烟里面含有的木馏油在竹子表面形成一层保护膜；最后，将烘烤后的竹子擦干净，冷却之后便可以捆好竖直储存到仓库中备用了。在此基础上，其他各种新的技术也层出不穷，如在竹子烘干后，可以采用微腐蚀性的药物与竹子混合蒸煮，也可以利用器械压力将化学溶液（如硼酸盐）灌入竹子内部来改变其纤维性质与结构，最后达到防腐、防蛀、防火的目的。经过这些工序的处理，竹子甚至还能广泛地应用到现代高层建筑中，作为隔墙、隔断等，既环保又经济。可见，经过这些工序处理后的材料仍然可以称之为传统材料，但实质上它已经完成了一种飞跃。由于性能的改善，这种新的传统材料完全可以应用到现代建筑中去，给现代建筑师带来一种新的机遇。

3）对材料的组合与构造方法的再挖掘

（1）重视材料的组合与构造方法，发挥材料组合的整体优势。

在应对自然环境（如地方气候、基地环境等）的影响上，现代与传统的材料应用理念有着很大的不同。由于现代建筑材料的高效性，人们可以用少量品种、少量层次的材料就可以完全达到"封堵"自然气候侵扰的功

[12] 琳恩·伊丽莎白，卡萨德勒·亚当斯. 新乡土建筑——当代天然建造方法 [M]. 吴春苑，译. 北京: 机械工业出版社，2005: 231.

效。相对现代材料而言，传统材料自身所受的限制较多，单一材料的可靠性往往较低，不能直接达到建筑所希望的性能要求与使用标准，因而需要多种材料协同工作。在环境引导过程中，允许有少量的、个别的疏漏，但可以通过材料的合理组合与构造做法，最终达到人们所期望的功效。因而，在传统材料应用的过程中，人们尤其重视材料的组合与构造方法，使传统材料的组合发挥出"四两拨千斤"的效果。

以建筑屋顶防水为例。自古以来防雨一直都是建筑成立的第一条件，人们为了防雨在屋顶处理上想尽了各种办法。如果从屋顶防水的基本原理上来分析，防水做法基本上可以划分为两种类型，即材料防水与构造防水，其基本原理分别可以用一个字予以概括———"堵"和"导"。在选择具体的防水做法时，往往根据不同部位以及防水性能的差异做出合理的选择。当然，在建筑设计过程中，"堵"和"导"并不一定是独立存在的，在很多情况下，是以一种方式为主，另一种方式为辅，两者相辅相成，以达到最佳的防水效果。

在传统建筑中，防水材料主要有草、竹、瓦、泥土等，单一材料的防水可靠性较低，往往需要防水材料形成多道屏障将水拒之门外，怎样合理地处理这个问题便蕴藏着先人的智慧。比如我国古代亭台楼阁的屋面结构，从防雨方面综合考虑，一般遵循以下原则：①不让水滞留，使其尽快排走；②考虑各种渗水的可能性，采用材料的构造方式将其排除。因而，不少建筑采用了曲线屋面，让雨水以最快的速度落下，使雨水在屋面上停留的时间最短 [虽然我们的祖先在实践中已了解到什么样的屋面结构能使雨水下落最快，并在实践中广泛采用，但此问题的提出与解决是由西方人欧拉做的，即雨点在屋面上从一点运动到另一点，下落时间最短（旋轮线参数方程）]。同时，由于材料的限制，不同材质的屋面的防水技巧也不同，但都遵循"导"的原则，万一水渗入时进行排水处理，通过材料构造的组合实现防水的最终目的（图 4-11 ）。

相对传统材料而言，现代材料的抗渗性、整体性更强，人们逐渐习惯于利用一层不透水的材料形成完整的屏障将水拒之门外，只在一些细部节点处采取一些预防措施。但是，随着防水材料使用量的增加，在实际操作过程中容易发生种种失误；而且，实验室所得的新材料的数据（如抗疲劳性、

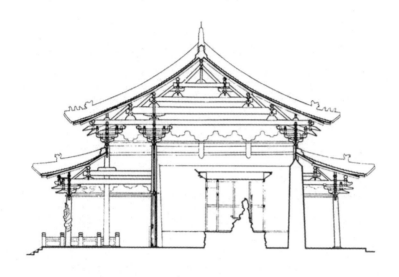

图 4-11 曲线屋面防水（山西晋祠圣母殿剖面）

抗老化性等）也常常与实际使用的结果不符。此外，采用性能更好的防水材料，价格往往有所提高。诸如此类的影响，使得屋面防水问题一直困扰着人们（图 4-12）。

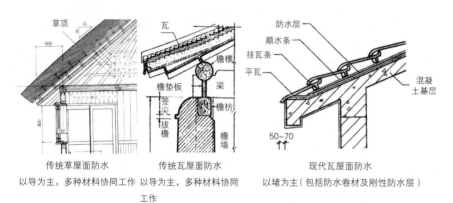

传统草屋面防水
以导为主，多种材料协同工作

传统瓦屋面防水
以导为主，多种材料协同工作

现代瓦屋面防水
以堵为主（包括防水卷材及刚性防水层）

图 4-12 以坡屋面为例：传统与现代建筑屋面防水做法的比较

面对这种状况，我们不妨换位思考一下，既然不能完全"堵"住，我们何不借鉴传统材料的组合与构造方法，灵活运用地方材料，强调材料的多层次性、组合的整体性，使每种材料都能承担防水的责任，达到性能与效益的最大化，而不是一味地追求使用最好最贵的现代材料。

（2）对传统材料的组合进行理性分析，并使之"产品化"，以扩大其适用范围。

目前，建筑师可以对一些材料的组合与构造方法进行理性的分析，将某些特殊功能的构造组合固化为一种特殊体，甚至用新材料替换一些传统材料，只保留一种传统的、物化的工艺理念，并使之产品化，以扩大其应用范围。

以建筑自然通风为例。按照热力学原理，建筑的室内温度具有随高度上升递增的特点，该特点使建筑随层高增加而上下之间温差加剧，古代匠师们下意识地利用这一点，发明出风塔、风井、风斗、风帽、天井、天窗、透气阁楼等材料构造组合，从而挖掘出建筑自然通风的潜力。

随着建筑类型的巨变，空调技术的成熟与普及，这种传统的材料构造手法曾经一度陷入困境。但是，当前能源的危机、建筑情感与文化的迷失又迫使现代建筑师再次去审视过去的优秀传统，希望从中汲取设计的能量。在这方面，一些西方发达国家走在了前列，我国则还处于引进与移植阶段。如西方现代设计界所提倡的外墙双层围护系统、经过设计的自然通风系统（如英国贝丁顿零能耗发展项目中的风帽）等，被移植到国内，冠以"会呼吸的外墙"和零耗能技术等，显得很"高技"，给人一种高深莫测的感觉。其实，在自然通风这一方面，它们仍然是利用上下两端的温差来加速气流流动，以带动室内通风，其实质还是"温差—热压—通风"的原理。

然而，利用热压进行自然通风的原理虽然简单，但选择具体构造或技术措施时还需要根据建筑的功能和地理位置来考虑，仅有定性的设计还不够。为了使通风起到实质性的制冷或采暖效果，需要对进出风口的气流量、进出风口开关的时间、屋顶的采光量、机械抽风装置的运转时间等参数进行定量计算。这时往往需要借助风洞模型或计算机模拟实验等方法才能得到精确的数值[13]。显然，对于我国大多数建筑师来说，做到这一点还有相当大的困难。因而，我们经常看到，国内许多投标方案文本上充斥着许多想象性的、图文并茂的节能分析图，甚至许多建筑从外形上也与国外某某节能的、生态的或绿色的建筑很相似，但其实际效果却难以恭维。

鉴于此状况，我们有必要对传统技术进行深入而认真的探讨，特别是对一些成熟的技术进行定型化、产品化，以便扩大其应用范围。在建筑的自然通风中，风帽就是很好的一例。它实际上是建筑自然通风系统的一个浓缩，在东南亚地区应用比较广泛。与传统风帽相比，现代风帽趋于定型化、产品化，其设计工艺经过理性的分析与改进更加合理，能够确保不渗漏雨水，

[13] 现代建筑屋顶与建筑的自然通风[EB/OL]. https://www.doc88.com/p-0542881128786.html，2018-02-06.

不变形,全天候按照使用意图的方向运转,抵抗各种恶劣天气的干扰。但是、在我国,这种有效的自然通风方式多应用于工业厂房,在民用建筑中鲜有问津。主要原因有二,一方面,对其宣传不够,人们对其存有一定的思维定式,还没有做好接受它的心理准备;另一方面,产品的功能与形式单一,仍然沿用多年来风帽的固有之形不变,难以满足人们对其性能与审美的要求。

图 4-13 贝丁顿零能耗发展项目

BedZED 风帽剖面

BedZED 风帽外观

国内风帽造型单一,多用于工业厂房

图 4-14 BtedZED 风帽与国产洛曼特免电力涡轮通风仪之比较

相比之下,国外一些实验项目的成功运作也许对我们有所启示。由英国著名的生态建筑师 Bill Dunster 所设计的贝丁顿零能耗发展项目 (BedZED) 使风帽在性能与审美上达到了完美结合。一方面,在 BedZED 中,采用了自然通风系统来最小化通风能耗。经特殊设计的风帽可随风向的改变而转动,利用风压给建筑内部提供新鲜空气,同时排出室内的污浊空气。另外,风帽中的热交换模块还能利用废气中的热量来预热室外寒冷的新鲜空气。根据实验得出,最多有 70% 的通风热损失可以在此热交换过程中挽回 [14]。另一方面,风帽的造型集功能与美学于一体,使之成为建筑体型的点睛之笔,这种创意性的产品给人耳目一新的感觉(图 4-13、图 4-14)。

以此类推,我们还可以将此思路扩展到建筑的外墙保温隔热系统、隔

[14] 夏菁,黄作栋. 英国贝丁顿零能耗发展项目 [J]. 世界建筑,2004(8):76-79.

断系统等方面，使之成为一系列的产品模块，从而降低建筑的造价成本，如箱体式双层玻璃表皮系统单元（图 4-15）。当前我国建筑从业人员的素质良莠不齐，这给"伪技术"提供了滋生蔓延的土壤，因而，材料组合的产品化措施也有助于弥补当前我国技术力量分布不均，在不少地区又相对薄弱的缺陷。

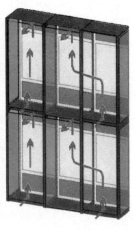

图 4-15 箱体式单元施工装配

4）设定材料的合理性寿命，确保材料的"再物质化"进程的实现

当前，建筑与环境问题越来越为建筑师所关注，许多建筑师正在尝试通过更有效地使用能源和材料来减少目前建筑所带来的消极影响，最常见的策略就是降低能耗、重复利用和再生利用，即遵循"生态效益"的路线，尽可能地做到少费多用。然而，有时再生利用也存在着一些问题，许多再生利用实际上是下降性循环，经过加工的材料在循环时逐渐丧失其价值，在其使用寿命终结后就变成不能降解的建筑垃圾。再生利用只不过是一种苟延残喘式的"益寿延年"，而不是永久循环式的"转世轮回"。因此，在选择具体材料时，建筑师对材料的生态考虑不能仅仅局限于材料的"效益"，重要的是材料"再物质化"的过程，让建筑材料在其使用寿命终结后，可以回归自然或在工业上永久循环下去。这样一来，材料的使用周期问题便显得很关键。通常情况下，材料循环的时间过短是一种浪费，但也不必迫使材料能长时间地"苟活"，因为"长生不老"有时需要付出更高的代价。因此，建筑师必须根据具体情况，在建筑建造与运行的系统框架内，合理设定材料的生命周期。

按照这种思路，建筑师可以发现与选择材料，对其进行合理搭配，使材料有效地纳入自身循环系统中去。这样一来，传统材料又有了展现自己的大舞台。一般来说，传统材料的主要优点之一就是能够"再物质化"，但主要缺点在于其寿命周期较短，这与多数人对建筑能够长期或永恒的期望相悖。但是，如果我们换一种思路，在建筑的进化过程中去认识与使用材料，根据材料的寿命周期进行长短期的规划，建筑也许才能真正融入能源循环系统中去。譬如，《民用建筑设计通则》（JGJ37–87）对建筑物的耐久年限作出规定：一级耐久年限为 100 年以上，二级耐久年限为 50—100 年，三级耐久年限为 25—50 年，四级耐久年限为 15 年以下。然而，建筑的耐久性不等于构成材料的耐久性，各组成材料有着不同的寿命周期，如防水材料可按级别分为 25、20、15、10 年等。可以说，只要使用"合适"，就不必追求所有材料能够坚持到永久。如果片面强调材料的耐久性而去滥用现代材料，那么，我们的世界将最终成为混凝土与钢材的森林，更何况这种存在也谈不上永恒。

正如迈克尔·布朗加特所说，合理选择的材料近期和远期往往是在保护而不是破坏社区的经济、环境和社会财产[15]。所以，建筑师无须因为传统材料具有某些缺陷而弃用它，也不必勉强地去使用传统材料，重要的是材料的"合适"的寿命能在"合适"的地方得以体现。

4.2.4 小结

自 20 世纪末以来，受外来建构文化思潮的影响，国内建筑学开始了对建筑自身根源的探寻，建筑设计试图摆脱审美意识形态的干扰而回归本体，着力追寻建筑基本建造问题的解决。于是，诗意的建造成为设计的出发点，材料、构造、节点成为建筑师所关注的热点，这种现象使建筑被重新还原，表现出真实的形象。然而这种还原动作存在着一定的潜在危险，建筑师很容易把还原思想曲解为还原到土著居民纯自发的建造，从而忽视了当代建造条件，一味追求已失去的昔日土木工事[16]。这种对传统的眷恋与过分推崇，不假思索地对其进行还原，必然会带来建筑学的严重倒退。因此，本节立足于现在，对传统进行反思，试图用多种形式将传统工艺激活，采取积极措施促进传统工艺的进步，同时，再利用传统的技术理念去探寻新材料、新技术应用的各种可能性，希望对传统工艺的传承与发展能有所帮助。

[15] 戴维·纪森. 大且绿：走向 21 世纪的可持续性建筑 [M]. 林耕，等译. 天津：天津科技翻译出版社公司，2005：123.

[16] 中国建筑工业出版社，北京中新方建筑科技研究中心，清华大学建筑玻璃与金属结构研究所. 新建筑 新技术 新材料 001 建筑·玻璃 [M]. 北京：中国建筑工业出版社，2004.

4.3 传统在现代设计中传承与创新——建筑的系统技术

随着丰富的、价廉的能源供应和以此为前提的系统技术的发展，依靠对建筑物自身的建筑学设计来解决建筑环境控制的传统建筑设计的方法以及这种设计方法的优点逐渐被人们所遗忘，为此，我们有必要再次审视那些单纯的、原始的技术，力求在现代科学和技术的积累上寻求新的发展。

4.3.1 超越"偶然式"的解决方式，获取系统的最大效益

被动式的调控模式是传统建筑的系统技术的主要特征，它一般不需要依赖机械系统的调控，主要通过自然调节来达到被动式供暖、采光、通风等，形成比较舒适的微气候。然而，对很多地区建筑来说，完全采用自然调节并不是每个季节都适宜的。有些建筑受特定条件的制约，不具备被动调节的环境，这时，建筑的调控模式就必须借助机械装置的辅助，或者是根据不同时段、不同季节进行完全自然和机械的轮换，采用主动式或混合式的调控模式。一般来说，它们之间并没有严格意义上的优劣之分，关键在于怎样以最少的资源和能量来获得最大的社会和环境效益。正如迈克尔·科贝特所言："如果你的方法既解决了需要解决的问题，而同时又偶然解决了其他一些问题，那么你就步入了正确的轨道。"[17] 就传统建筑而言，"偶然性"的技术手段比比皆是。当前，我们应该超越这种"偶然式"的解决方式，在不同类型和层次的问题之间积极寻求其中的联系，有意识地将各种表面貌似毫无关联的问题综合起来考虑，挖掘传统技术的生态潜力。

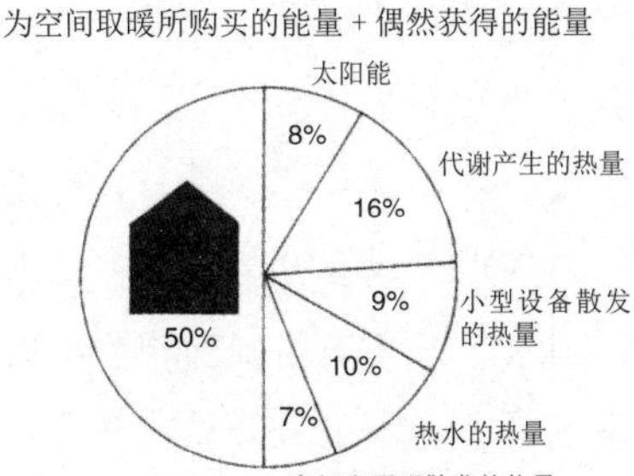

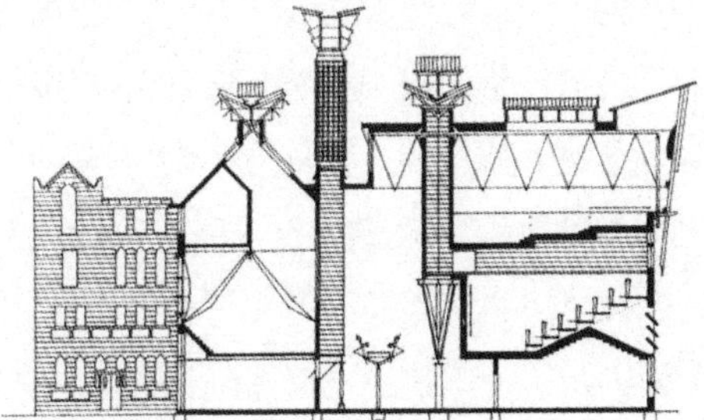

图 4-16 （左）通过减少热量损失以及增加偶然获得的能量，来提高住宅的能源利用率

图 4-17 （右）德·蒙特福特大学工程学院大楼（消特·福特及其合伙人设计）增加自然通风和减少能源消耗，是决定其横断面设计的主要因素

[17] 玛丽·古佐夫斯基. 可持续建筑的自然光运用 [M]. 江芳，李天娇，谢亮蓉，译. 北京：中国建筑工业出版社，2004: 69.

为空间取暖所购买的能量 + 偶然获得的能量

太阳能 8%
代谢产生的热量 16%
小型设备散发的热量 9%
热水的热量 10%
烹饪和照明散发的热量 7%
50%

有一点还必须特别指出，被动不是消极的受动，而是在适应自然环境的同时对潜能进行灵活的应用。被动式的调控技术并不等同于简单的、低层次的技术，更多时候还需人借助新技术去挖掘建筑的各种潜力，也就是说，

相当多的被动效果有时需要通过高技术的催化才能产生或显现。如建筑内气流的导向复杂而混乱，很难进行精确地预测，但我们可以借助计算机模拟技术来实现比较理想的空间布局（图4-16、图4-17）。

4.3.2 利用建筑学的设计方法调控建筑环境

建筑学的设计方法是基于地区自然环境特点的，能最大限度地利用自然环境的潜能。其设计程序可大致分为三个阶段：掌握地区的气候特点，明确应当控制的气候因素；研究控制每种气候因素的技术方法；调节各种技术方法之间的矛盾[18]。具体来说，建筑学的设计方法就是想尽办法在建筑上采取措施，对能够利用的因素积极利用，对可能产生不利的因素则竭力避免，提高建筑对自然气候的适应能力；同时，由于气候环境的多变与地域环境的差异，建筑在能源供给方面需要有较高的保证，促使系统能够有效而平稳地运行，进而达到建筑与环境的一体化（图4-18）。

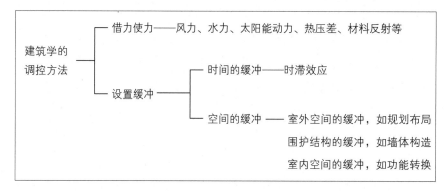

图4-18 利用建筑学的设计方法来解决建筑环境的调控问题

1）借力使力，提高建筑对自然气候的适应能力

如上所述，"巧"与"借"是中国传统技术理念的核心思想之一，具体手法可以用"借力使力"四个字来概括。一般来说，"借力"要求最少地与自然力的对抗。为了达到这个目的，建筑必须尊重自然规律，提高建筑对自然气候的适应能力，借用自然环境之力来减少建筑物自身的能量消耗。好比"四两拨千斤"，"借力使力"体现了许多环境保护的理念，如果建筑师从设计初期就考虑到这些问题，把许多不同的设计技巧结合使用，那么一定会起到事半功倍之效。

2）设置缓冲，增强系统技术运行的稳定性与持久性

为了适应环境的变化，最简单的方法就是按照这种变化来设置空间。

[18] 彰国社. 国外建筑设计详图图集13：被动式太阳能建筑设计 [M]. 任子明，等译. 北京：中国建筑工业出版社，2004，5.

一方面，类似于候鸟迁徙，古代的帝王将相、富贾豪绅们，根据时间和季节选择适宜的气候和地域，轮流居住在气候条件相适应的建筑内，如各种冬宫夏宫、避暑山庄等。然而这种居住方式需要大面积的土地与大量的住房，在现在，特别是在中国这种贫资源、欠发达的国家，我们显然无法承受建造这些房屋所需的费用。正如中国的香港、上海等城市，可利用的城市土地总是有限的，我们不能简单地模仿过去的建造模式，将土地浪费在低层低密度住宅上。另一方面，面对地域环境的变化，大多数人选择放弃迁移，而是在建筑与自然环境之间设置多层次的缓冲区（也可称为技术层面上的灰空间），在一方小天地里营造出较为稳定的人工环境，这样一来，人们就可以在自家小院里或单栋小楼内怡然自得地享受春夏秋冬之轮换。由此，许多契合地域气候环境的优秀建筑应运而生，其中蕴涵着极为优秀的建筑设计概念，值得现代建筑师进一步去探究。

当前，由于能源危机，我们无法承受毫无节制的建造费用与空调费用等所造成的浪费。这迫使我们意识到，建筑物必须通过自身的形式，按照室内外环境的变动，设置"缓冲"，在限定的空间与时间范围内，进行能量的交流与再分配，以满足使用者对环境的控制。因此，现在各种不利的因素正好为我们提供了一个机会，给建筑赋予更多的合理内涵。

（1）优化材料组合，设定合理的"时滞"，创造可变的人工环境。

热量可以贮存于密度较高的建筑材料中，过一段时间这些热量又可从材料中释放出来。一般说来，由于材料的性质、厚度与构造的不同，热传导的时间滞后性（也称"时滞"，即室内外空气温度达到峰值的时间之差）也不同，最终所产生的效果与效益也必然不同[19]。因此，通过维护材料的合理设置，建筑师可以设定热量释放的时间差，在能量交流与再分配的缓冲过程中，将能量充分转化为有效的形式。例如采用潜热贮存设备对热量进行贮藏或用光电材料将辐射能转化为电能，而将不利因素减少到最低或转化为新的有利因素，从而创造出舒适的人工环境（图 4-19、图 4-20）。

譬如，昼夜温差较大的沙漠地区的建筑一般采用体量厚重的维护材料。上午，建筑的室内温度比室外低，热量向室内流，墙体温度升高；下午，虽然有部分热量到达室内，但大部分热量仍储存在墙体中；晚上，室外温度转而比室内低，这时热量开始回流，先前储存在墙体里的热量还没有到

[19] 彰国社. 国外建筑设计详图图集 13：被动式太阳能建筑设计 [M]. 任子明，等译. 北京：中国建筑工业出版社，2004：62.

室内就又直接散发到室外。这样一来，尽管室外温度起伏变化较大，但室内仍能保持一个相对稳定的热环境，这就是时滞效应的突出表现。显然，当室内外温差变化较大时，材料的时滞性能够避免室内温度出现较大的波动，起到较为显著的气候调节作用。

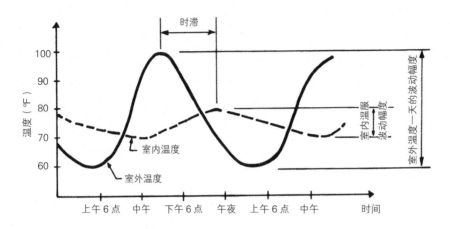

一般建筑材料1英寸厚的各种墙体的时滞	
材料	时滞 (h)
土坯	10
砖块（普通）	10
砖块（表面光滑）	6
混凝土（重质）	8
木材	20[a]

a 木材有较长的时滞是因为它含有水分

图 4-19 室内和室外温度达到峰值的时间之差值称为时滞

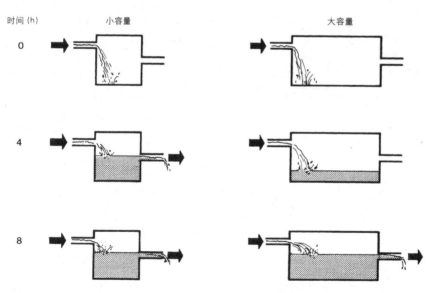

图 4-20 时滞效应与水流类比（大容量的容器会延迟水的流过，类似地，热容量大的物体也能延迟热量的通过）

值得注意的是，时滞的设定必须考虑材料的最佳组合和最适厚度，合理设定能实现建筑的最优效益。一般来说，保温、隔热材料越厚，材料用量、材料费和施工费（A）相应增加，而制冷采暖的年间费用（设备费与运营费）（B）却会减少，当 $A+B$ 即总费用最少的时候才是最合适的厚度[20]（图 4-21）。另外，随着地域气候环境、建筑方位等环境条件的改变，时滞的设定也不尽相同，若使用不当，其利用价值有时可能会变得很小，甚至

[20] 彰国社. 国外建筑设计详图图集14：光·热·声·水·空气的设计——人居环境与建筑细部 [M]. 李强，张影轩，译. 北京：中国建筑工业出版社，2005: 46.

有害而必须避免（表4-1）。以飘窗为例，在南京，为迎合开发商所谓的卖点，住宅设计不计当地夏热冬冷的地区特征，盲目采用大量的上下连通的飘窗，而对窗户的形状、大小及建筑的隔热情况欠缺考虑。尽管维护墙体采用了厚重的隔热与保温材料，飘窗也使用了双层真空玻璃，但是对建筑物时滞效应的改善并不明显，材料的效益不能完全发挥，建筑的成本却有所上升。

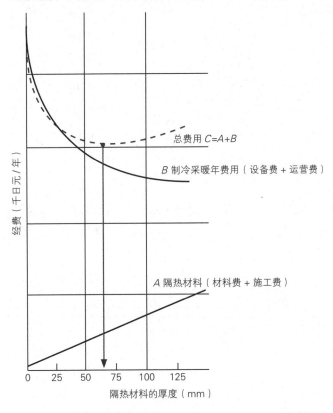

图 4-21 隔热材料与制冷采暖费用的关系——隔热材料的最适厚度

图 4-22 地坑院

图 4-23 改良型地坑院

　　其实，对材料的时滞性的利用不是只局限于现代建筑。在过去，人们已经下意识地将此应用到多种类型的建筑中去了，并且在长期的演化过程中产生出许多各具特色的地域民居风格（图 4-22）。譬如，河南的窑洞建筑利用泥土对热传导的延迟作用，很容易地解决了室内温度的稳定问题，有冬暖夏凉的功效。当然，窑洞建筑（如地坑院）也存在着一系列众所周知的问题，如通风、采光、防水、景观等，为了避免或减少这些问题的干扰，许多折中方案便应运而生了。如将建筑逐渐升起，减少一些泥土围合面，增加一些暴露面，形成半掩土建筑；或完全建造于地面之上，屋面采用覆土形成屋顶花园，由此解决了景观、通风等诸如此类的问题（图 4-23）。

如果我们对这些建筑再深究一下，就会发现这些现代建筑与传统建筑仍然存在着千丝万缕的联系（如现代的屋顶花园是否存有传统锢窑的少许身影）。

材　料	时滞效应	适用范围举例
保温好（热阻大）、热容量小	自然温度将在保持室温高于室外温度的情况下变动，变化幅度小，时间滞后短	高纬度寒冷地区
保温好、热容量小（安装遮阳罩、注意通风）	自然温度的变化接近室外温度，几乎没有时间的滞后	低纬度潮湿地区
保温差、热容量小	自然温度接近日平均室外温度，变化幅度小，时间滞后长	低纬度干燥地区
保温好、热容量大	自然温度将在保持室温高于室外温度的情况下变动，变化幅度小，时间滞后长	中纬度干燥地区

表 4-1 材料与时滞效应之间的关系

目前，材料的时滞效应还难以被人们准确把握，量化工作仍然任重而道远，并且，在我国建筑节能的规定里，对材料的时滞效应没有太多的硬性规定，具体的量化标准也比较模糊。因此，不少建筑师对材料的时滞性的应用还停留在感性甚至是被动的阶段，从而错失了许多改变建筑系统运行的良机。所以，建筑师不能仅仅为了应付各级节能审查而被动地去组合各种不同类型的材料，以便在法规层面上证明室内设计温度的合理性，而应从地域气候环境出发，优化材料组合，设定合理的时间缓冲，在法规允许的范围内（尽管有时也存在许多不尽合理之处）最大限度地发挥材料的系统功能。

（2）设立空间的缓冲区，为使用者创造出适宜的微环境。

空间缓冲区类似于一种生态过滤器。在居住单元与外部环境之间设置多层次的缓冲区，具有连接不同空间的缓冲功能。从建筑的剖面来看，由外及内主要分为三类：建筑室外空间的缓冲、建筑外表皮围合空间的缓冲、建筑内部功能空间的缓冲。

① 建筑室外空间的缓冲

建筑室外空间的缓冲主要包括建筑室外空间的组织、建筑群体围合的空间、植物绿化围合的空间等。合理的场地规划和建筑群体空间的组织能够形成很好的居住条件和微气候环境，并且，单体建筑的数量、形状及布局等对建筑整体的通风、采光、日照等也有着潜在的影响。以北京的胡同为例，与干道相互垂直的胡同都是东西向的，前后胡同间距大约 50 步，在两个胡同之间的地段上划分住宅基地，一个个四合院便沿着胡同修建起来了。这种布局非常适应北京的气候环境。在冬天，它避免了凛冽的西北风对建筑的侵扰，又很好地满足了从南面采集阳光取暖的需求；而在夏天，胡同走向与夏季主导风向相近，使建筑内的热量能较快转移，同时胡同也遮蔽了从东西两面低射下来的阳光。因此，要高效地使用能源，不能仅仅对单个建筑进行孤立的思考。

院落空间是建筑群体围合空间中的一个特例，相对较小、较封闭。作为最具代表性的空间缓冲区之一，院落空间被广泛地应用于世界各地。由于建筑所处的纬度、地域、气候环境等不同，对院落空间的考虑就大不相同。比如，处于寒冷地区的北京与处于夏热冬暖地区的广州，其热工设计要求就不同。北京所需考虑的是应满足冬季保温要求，部分地区兼顾夏季防热；广州所需考虑的是必须充分满足夏季防热要求，一般可不考虑冬季保温。可见，由于气候的原因，对季节因素的考虑完全不同，这种具体的功能要求在院落的形式中也体现得淋漓尽致，我们从两地传统民居的院落空间就可感悟到院落形成（即建筑深层结构）的原动力。

此外，选择适当的植物种类与栽种地点，也可以极大地改善某一地方的小气候，甚至有时可以创造出特别舒适、特别节约能源的人居环境。植物具有明显的季节性特点，具备天然的气候调节作用。如在夏天，落叶植物的密集树叶可以作为遮阴和蒸发降温装置，制造空气流动，引导风的走向，又可以作为过滤光线的过滤器，避免阳光的过度照射；到冬天，树叶凋落后建筑能够直接吸收阳光的辐射能，而且，当它与绿色常青植物结合应用时，还能充当防风屏障，阻挡寒风的侵袭。然而，不恰当地种植会导致效果降低，甚至还会产生副作用，如在教室采光面近距离栽种枝叶繁盛的树木，大量引进不适应地域环境的外来植物，或需要投入大量资金去长期维护的绿色面子工程等等。由此可见，植物与植被的具体选择必须遵循适应当地环境与经济美观的原则。

② 建筑外表皮围合空间的缓冲

主要是指外墙材料通过构造所围合的空间，如双层玻璃幕墙、外墙腔体构造、固定与活动遮阳等（图4-24）。建筑外表皮围合而成的空间，既能保证建筑室内的自然通风，又能确保噪声和污染降到最低程度，从而能有效地减少建筑因外皮而损耗更多的能量。以双层玻璃的外墙为例，其设计的关键在于利用好烟囱效应。在夏天，双层玻璃的外墙可以打开，积聚的热量由于热压差而上升被排出，减少了阳光照射所产生的热量；在冬天，外墙系统关闭，系统利用积聚的热量形成室内和室外之间的隔层，被排走的热量可以回收用于加热室内的空气，增加了系统的保温性能。但需要注意的是，外墙自身空间的大小、高宽决定了内部空气的动力特征，不恰当地模仿与应用可能产生相反的结果。由于相关的做法及法规在各处有很多介绍，因此此处不再赘言。

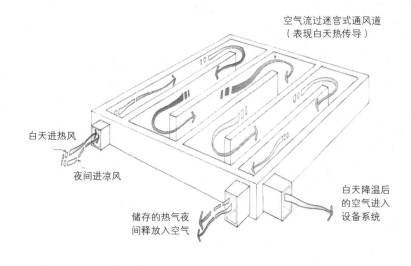

空气流过迷宫式通风道
（表现白天热传导）

白天进热风

夜间进凉风

储存的热气夜
间释放入空气

白天降温后
的空气进入
设备系统

图4-24 外表皮——建筑
的生态过滤器

③ 建筑内部功能空间的缓冲

a. 设置合理的缓冲空间，发挥其气候调节的作用。

在节能设计过程中，人们主要关注的是建筑外皮所损耗的能量，但这只是建筑热负荷中的一部分。实际上，人们还需重视能量在室内空间的分布，避免过多的能量消耗在建筑内部，如室内能量的传导、辐射、对流等。因此，我们可以不再坚持室内各个部分的温度都处于一个舒适的恒定值，应该接受室内微小的季节性变化，这样一来，建筑物就能向外部环境打开，各部分空间对空调的依赖性就会大大减少。这种做法既能减少能量的消耗，又能提供可控制的环境，同时也使室内环境设计变得容易了。特别是当人们所需的室内人工环境与室外环境相反时，把一些具有相同性能的生活空间连接或合并，进行建筑室内空间的整合，就可能减少建筑物的能量消耗。

目前，通常做法是将室内空间分为缓冲空间与内核空间等不同区域，确立空间的等级体系。具体到每个不同的室内空间来说，又可以根据空间的功能和形态，将其分为温室型、中庭型、连接型等三种构成模式。

温室型——起着气候调节作用的空间覆盖或围绕着作为内核的空间，形成屋中之屋。核心空间的屋顶、墙体等大部分都被一个罩覆盖，在这个罩内保持一个相对理想的人工环境。如用玻璃覆盖起来的温室，由于玻璃具有不透射常温范围的长波红外线的特点，太阳的辐射热进入玻璃覆盖的空间后，再次产生的辐射热就难以直接传至室外，从而产生一种温室效应，利用好这一点，可以在建筑的核心空间与室外环境之间形成一个很好的缓冲区域，如水晶宫。当然，由于材料（如膜、钛合金、天然植物等）与构造的不同，这个罩所发挥的具体功效也不尽相同。比较著名的例子有英国西部康瓦尔郡的伊甸园中心，利用铝和 ETFE（乙烯–四氟乙烯共聚物）组合成多个网格球顶，模拟出潮湿热带型的人造生态系统。再如中国的国家大剧院，由铝钛合金及玻璃组合而成的外壳围合出一个很大的人工环境，在此罩下分布着具有不同功能要求的单体建筑。然而，不同于一般的温室，这个巨大的缓冲空间在建筑运营时需要极大的能耗来支持，因而也引来不少人对此工程的诘难 [21]。

图 4-25 中庭

[21] 理查德·罗杰斯，菲利普·古姆齐德简. 小小地球上的城市 [M]. 仲德崑，译. 北京：中国建筑工业出版社，2004：96.

中庭型——起着气候调节作用的空间置于建筑内部，形成中庭。作为气候的缓冲空间，中庭具有现代空调的类似功效。与前面所说的院落空间相比，它多了一个封闭或半封闭的屋顶，更显得人工化，但不少原理仍然是相通的。如理查德·罗杰斯事务所设计的伦敦劳埃德交易市场大厦（Loyd's of London Market）（图 4-25、图 4-26），中庭除了具有一般意义上的拔风井功能之外，还发挥了建筑的能量平衡作用。中庭内暴露的混凝土梁、柱和顶篷是建筑冷却系统的一个组成部分，这些内部结构能够储存夜间的冷量并在白天释放出来，有效地减少了白天使用时所需的人工制冷量。中庭周围三层玻璃外墙将白天阳光照射所产生的热量从玻璃夹层中抽出，储存到地下的容器中去，这又进一步减少了建筑办公空间的制冷量。此外，在玻璃外墙中，半透明的玻璃既能采光，又能减少阳光所产生的热量，而开放的透明玻璃则便于使用者控制其所处的环境。诸如此类的技术处理，有效地改善了建筑的热工环境。不仅如此，在许多中庭内还运用了水体、绿化、遮阳百叶、不同朝向的高侧窗与天窗等多种形式，它们能够采集阳光，对吸入空气进行加湿、调温等等，共同构成一个缓冲地带，给人们提供了更加舒适的、自然化的人工环境，同时也成为人们观看和欣赏的对象。

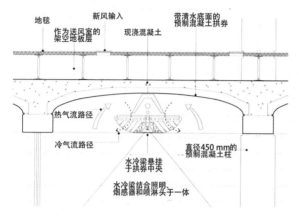

图4-26 暴露的混凝土梁、柱和顶篷是整个冷却系统的组成部分，储存夜间的冷量而吸收白天的能量

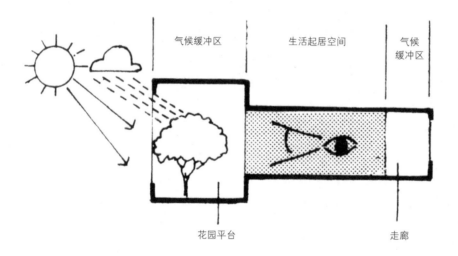

图4-27 将辅助空间作为缓冲区

　　连接型——以主要的居住或活动空间为中心，把室内的其他辅助空间作为半室外空间来缓解内核空间的温度、湿度等的变动，发挥其调节气候的作用。如建筑的围廊、阳台、厨房、卫生间等辅助功能空间，在特定时段可以成为主要使用空间的缓冲区（图4-27）。但是，当前节能审查的规定将建筑内部功能空间看作为一个性质相同的整体，对建筑外围护结构进行强制限定（如建筑业管理部门对外墙体、窗户、节点等构造做法进行限定），以满足节能设计的要求。按照规定，只有给住宅"穿衣戴帽"——通过新增或改善建筑物内外墙的保温材料和屋顶等，提高住宅的隔热保温性能，而忽视了内部的隔墙、隔断及辅助房间等空间的缓冲作用。这在很大程度

上造成了许多不必要的能源浪费，也抹杀了建筑师对此类空间进行分析与应用的积极性。因此，建筑师需要重视此类空间的作用，在设计过程中，对建筑各类空间进行有效的界定，合理组织各类空间的能量分布。当然，只有将不同的功能空间合理地组合在一起，相互缓冲才会成为优点；否则，相互缓冲就会成为缺点。

b. 随着时段和季节的转换，相应调整缓冲区的空间。

根据人们的生活方式进行空间调整，在每天特定的时段相应地使用建筑中特定的空间，并且，这种模式能随着季节的转换进行相应的调整，从而缓冲空间与内核空间的界限不再那么明显甚至两者所扮演的角色有时也能互换（图 4-28）。如印度建筑师查尔斯·柯里亚借鉴莫卧儿时期的建筑传统而设计出的管式住宅，以及在此基础上进一步发展起来的冬季剖面与夏季剖面等建筑形式 [22]（图 4-29）。

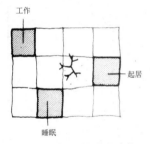

图 4-28 相互关联的空间组合形式

图 4-29 帕雷克住宅的剖面图：冬季剖面（上）；夏季剖面（下）

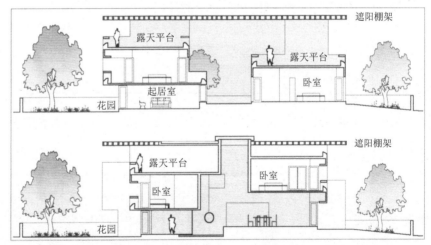

[22] 汪芳. 查尔斯·柯里亚 [M]. 北京：中国建筑工业出版社，2003：291.

管式住宅典型地运用了热压原理，热空气顺着倾斜的顶棚上升，从顶部的通风口排出，然后新鲜空气被吸入，建立起一种自然通风的循环体系。另外，还可以借助入口大门旁边的可调式百叶窗来控制通风。在此基础上，在一个连续的住宅空间内，将两种不同形式的管式住宅剖面并置，分别适应夏季与冬季的气候条件。其中一种采用金字塔形的剖面，底部宽敞，顶部狭窄，它使内部空间由上而下与外界空间隔离开来，能够减少夏日炎热气候的侵扰，主要适合夏季的午后使用；另一种采用倒金字塔形的剖面，使室内向天空开敞，适合寒冷季节和夏季的夜晚使用。这样一来，在不同的时段，人们可以使用不同的区域，建筑的缓冲空间与内核空间也随之进行相应的调整，建筑被分解为多个离散又相互关联的空间组合形式。

图 4-30 苏州留园鸳鸯厅

其实，在我国传统建筑中，这种冬、夏季剖面的建筑形式也屡见不鲜，其中苏州留园鸳鸯厅就是一个范例（图 4-30）。鸳鸯厅是在内部以屏风、罩、格扇将空间分为前后两部分，每部分的梁架、装饰、陈设各不相同，故有此称。鸳鸯厅可冬夏两用，南半部分适合冬春居住，北半部分适合夏秋居住。这种以屏风、罩、格扇等灵活隔断进行室内活动空间的转换是我国传统建筑的一大特征，但现代建筑师却很少重视并将之应用到建筑实践当中去，甚至常常将此归类于室内装饰、家具等类别（有点类似于传统意义上的小木作），从而不能登"大师"设计的大雅之堂。事实上，从家具、室内隔断等细部的制作到整个建筑（巨大的家具）的完成，匠师们使整个建筑自然地带有了工艺品的色彩。这种空间的细部处理是传统建筑的精华所在，因而，离开了它去传承传统，建筑设计只能算是一种外表皮的模仿，而没有触及传统文化的深层精神。类似的例子在传统建筑中到处可见，关键在于找出符合地域气候要求的设计理念并将之转化到现代建筑中去。

3）零能耗建筑的思考

目前，针对建筑能耗问题提出的零能耗建筑策略正日益成为人们关注的焦点，其核心特点除了强调被动式节能设计外，还将建筑能源的需求转向了太阳能、风能、浅层地热能、生物质能等可再生能源，为人、建筑、环境和谐共生寻找最佳的解决方案。如德国早在 1979 年就通过了三项关于节省热能的法令，显著降低了供热的能耗。德国政府近年来还不断推出新的节能计划，其中按能耗原则划分出低能耗屋、被动屋、零能耗屋、有余能屋和有进项屋几类。其中，零能耗屋就是由被动屋改进而来，将不可再生能源的消耗降低到零。与其他概念上的生态、节能建筑一样，零能耗建筑在环境保护及节约能源方面也做出了成功的探索，但它重点强调的是既要降低能耗，又能制造能源，在给人们提供环保生活的同时并不牺牲现代生活的舒适性。

以英国贝丁顿零能耗发展项目（简称 BedZED）为例。贝丁顿零能耗发展项目位于伦敦的萨顿区，由国际著名的生态节能建筑大师 ZED 公司的创始人比尔·邓斯特设计。这个项目被誉为英国及世界上最具创新性的住宅项目，其理念是在给居民提供环保生活的同时不牺牲现代生活的舒适性。它的创建旨在证明可持续发展的生活模式不仅在经济上是可行的（因为普通老百姓也可以拥有），而且在技术上也是可行的。根据入住第一年的监测数据，小区居民节约了采暖能耗的 88%。热水能耗的 57%。电力需求的 25%。用水的 50%，普通汽车行驶里程的 65%。

在欧美一些国家，众多零能耗建筑实践正由单个示范项目逐渐成为国家的导向性行动，而在中国，零能耗建筑正被开发商包装成高档建筑的代名词。尽管零能耗建筑项目的实践消息频频见诸报端，但号称零能耗的住宅非一般人所能承受得起，如南京锋尚零能耗住宅，一套房子最低 350 万起价。而且，许多零能耗建筑号称运用了各种世界最先进的建筑科技，创造出符合现代人居微能耗、高舒适度的居住环境，但实际并非如此。目前，零能耗建筑对于环境和资源问题的解决还存在着一定的局限性。其一，就目前来看，有些技术问题依靠生态技术难以解决，基于生物学原理的生态技术还有待提高。其二，过分依赖技术自身的"自我消化"能力，靠自身完成低能耗、低排放难度很大，单纯依靠太阳能、风能等及零排放的技术设计还有相当多的问题需要再研究。其三，单个的生态技术设计增加了设计难度，也加大了生产成本，要从整体环境的角度去通盘考虑技术与环境之间的互动关系，而且不应强调零能耗建筑必须在单体建筑里完全得到实现，可以在组团或更大范围内实现。其四，建立综合评价指标体系，落实与普及技术法规，仍任重而道远。

所以，建筑的名称是次要的，最重要的是将舒适的标准建立于一个动态平衡中，强调建筑物的能量平衡。我们在分析建筑物能量平衡时，不能简单地将建筑物类比为开水瓶，有如柯布西耶认识到的太阳的双重性——

人们冬天的朋友、夏季的敌人（图4-31）。关键在于建筑师怎样扬长避短，在减少能耗的同时，尽量利用建筑学的方法去制造与引进更多的能源。

图4-31 在一年中，太阳有时是我们的朋友，有时是我们的敌人

4.4　营造对传统材料与工艺可接受的环境

当然，除了上述器物层面的措施外，我们还必须营造一个对传统材料与工艺的可接受性环境。

4.4.1 营造可接受的制度环境

世界上大部分地区的建筑规范没有关于传统材料与工艺的规定。因为传统材料与工艺的种类很多，怎样测试、归纳与整理各种经验数据，使之理性化，并能得到规范机构的认可比较困难。如很多传统材料没有经过防火等级认证，除非有确凿、可靠的实验数据或其他方法来论证所采用的材料符合规范的要求，否则建筑师在设计中所应用的材料（没有经过工程测定认证）往往难以通过消防审查。面对经济、时间与法规的限制，大多数建筑师会望而却步的。所以，营造可接受的制度环境便迫在眉睫。一方面，技术规范不仅为缺少传统技术经验的建筑师提供了技术上的指导与帮助，还能从制度上保证技术的安全性，使设计、建造得到法律上的认可。另一方面，制订政策，提供资金补贴，设立专门机构，对有关传统材料与工艺的信息资源进行收集、整理与传递，促进建筑师对传统材料与工艺的再挖掘与有效利用。

4.4.2 营造可接受的文化环境

除了上述原因外，传统建筑材料与工艺被遗弃的另外一个重要原因是在国内大部地区，尤其是一些欠发达地区，政府部门、投资商，甚至绝大多数的居民都试图使他们的房屋更"现代"一些。

传统材料的一些主要优点是显而易见的，如可持续性、经济性、易操作性、环保性等，但很多人还是不太愿意建造与购买这些房屋，认为用传统材料与工艺建造的房屋是老式的、粗俗的产品，甚至有时它会成为"穷人的房屋"的代名词，只适用于那些经济适用房或拆迁安置房。这是因为在我国现阶段，拥有一套理想的房屋对不少人来说还是一种奢望，追求好看的风气还很严重。这不但表现在建筑材料选择和应用的源头上，而且连房屋的名称也积极跟进了，我们从南京近年来新楼盘的命名便可窥见一斑，如拉德芳斯住区、威尼斯水城、奥体欧洲城、罗马花园等等。

另外，与现代材料的主流地位相比，传统材料及工艺似乎难登大雅之堂。传统匠师们大多不是现代学院所培养的专业人才，没有烙上学院式"厅堂"的印记，他们丰富的经验与精湛的技艺在不少人眼里只不过是一种"雕虫小技"，因而其能力得不到人们应有的信任。同时，这种偏见也波及传统材料的应用领域，进一步加大了人们对传统材料的怀疑。可见，这种对传统材料与工艺的偏见是建立在深层次意识形态之上的，需要用今后很长一段时间去慢慢消解。

诸如此类的问题不胜枚举，涉及技术制度与意识形态方面的具体问题，将在以下几章详细阐述。

4.5　量的追求与规模化生产

4.5.1　对规模化生产的再认识

人们从来没有停止对建筑的量的追求。环顾当前的情况，我们会发现很多人没有兴趣谈论建筑形式与风格的差异，不关心建筑是批量生产还是批次生产，分不清地方化与国际化、典型化与个性化的区别，在他们眼里，这些都是专家所要讨论的问题，实际上也确实只有少数人才了解这些问题。大多数人只是对他们的生活方式感兴趣，需要解决或改善的是自己住的问题。如 2006 年出台的国六条政策，国家有关部门希望以此来调控过热的房产市场，抑制房价的飞涨，但效果还是不太明显，究其根源，一个关键性的阻力因素就是市场不能满足民众对量的需求，或是提供的量根本不适合他们的需要。对此事实，建筑师应该认识到量的重要性，在满足质的要求的同时，尽可能实现建筑的规模化生产。

一提到规模化生产，许多人立刻会有如下联想：在古代，建筑技术主要以匠人的手工劳作为主，这种作坊式制造模式在很大程度上抑制了人们对量的需求。随着社会的进一步发展，工业革命后的标准化催生出福特式生产模式，它通过大量生产标准化的建筑构件，提高了生产力，降低了生产成本，满足了人们对量的需求，但是其产品千篇一律，缺少人文关怀，显然无法满足人们对质的需求。近几十年来（也就是西方国家所谓的后工业时代），数字化技术改变了这一窘境，量身定做的异型构件与重复性的标准化构件没有了本质上的区别，借助于计算机辅助设计和制造（CAD & CAM），建筑摆脱了标准化所带来的单调与呆板，在不降低生产效益与不增加造价的情况下，信息化制造模式实现了人们对建筑的质与量的共同需求，建筑业也日渐从批量生产步入批次生产的时代。简而言之，建筑的规模化生产正由标准化的发展模式转型为个性化的发展模式，标准化的式微是一种必然的，摒弃标准化而强调个性化，才能实现建筑的多元化。但事情未必这么简单。以我国当前建筑的发展为例，一方面，大规模的快速建设造成了具有中国特色的千城一面；另一方面，每个建筑都强调标志性，追求个性化，最终却走进了"一城虽有千面，但千城仍是一面"的怪圈。可见，在建筑规模化生产的过程中，标准化与多元化并没有如此泾渭分明的界限。

首先，个性化不等于多元化，多元化的发展是以标准化为前提的。标准化并非文化发展的一种障碍，相反，倒是一种迫切的先决条件。所谓标准可以释义为：任何一种广泛应用的东西融合了先前各种样式的优点，经过简化，而成为一个切合实际的典型，这个融合首先必须剔除设计者有个性的内容及其他特殊的非必要因素。显而易见，缺少了标准化的多元化必然会带来建筑语言的混乱与式样的杂乱。正如美国城市设计师、弗吉尼亚大学建筑系主任 Jacqueline Robertson 所言："所有的建筑文化都以几种标准的建筑类型及其变种为基础，同时，所有的建筑文化都试图以有限的方式把这些有限的类型组合起来，以形成更大的秩序（街道、小区、村落等），也就是说，不仅存在着这些类型本身的组织法则，还存在着把某一类型与另外一种类型组合起来的法则。"[23] 这里的标准扮演着建筑基因的角色，通过基因的无穷组合，共同形成了各具特色的建筑风格。总结中国传统建筑所取得的成就，它的精髓就在于：有限的元（相对简单的标准单元）通过数的积累[24]，形成大规模的建筑群体。因为组合的单元基本相似，所以外国人将中国传统建筑定性为"古来相沿之室宇制度，无论其为士民和僧侣者，为公家为私人者，其制度形式无不相似，欲强为分类，亦无法可

[23] 张钦楠. 建筑设计方法学[M]. 西安: 陕西科学技术出版社, 1995: 113.

[24] 中国古代建筑通过数学、拓扑学等关系，由简单的小体量组成大规模的群体，建筑的形成是一种数的积累而非量的叠加；如古代的塔，是通过层层的塔基与塔身向上累积添加而发展起来的，而非将塔基与塔身简单地放大后再重复叠加。

分"。然而，恰恰是这些看似平淡无奇的单体共同构成了各种变化有度而又各具特色的建筑群体与城市。所以，多元化的发展是以标准化为前提的，强调绝对的多元化未必就是科学的。

其次，标准化不等于单一化，建筑标准化的层级与数量直接影响建筑多元化的生成。标准化是将有限的类型组合起来形成秩序，这些类型被称为标准元。根据标准元的规模大小，标准化的层次有不同区分。如建筑按照层次由低到高可分为：① 零件（主要指各种基本材料，如黏土砖）；② 构件（适应专门要求的产品，如门窗单元）；③ 部件（符合建筑完整要求的功能部件的总体，如墙系统）；④ 空间结构单元（预制的功能化的立体盒体，如成品浴室单元、厨房单元等）；⑤ 完整的单体建筑；⑥ 建筑群体及城市。可见，层级越高，标准化的程度越高，高一层级的标准化包含低一层级的内容；同时形式与内容可以相互转化，即高一层级的内容永远是下一层级内容的形式，低一层级的形式永远是高一层级形式的内容，这就是亚里士多德所讲的"材料因"与"形式因"之间的辩证关系。此外，在各个层级之中，标准元的数量也不同，数量越多，组合的选择越多，越容易形成多元化的效果。但数量过多，又会造成标准元协调统一的困难，偏离了标准化的初衷。因此，进行合理地标准化分级，以及在各层级中合理地设定与选取标准元数量，这是一个综合权衡的择优过程。

再次，我国的现实国情呼唤注重超等质量的、标准化式的规模化生产。第一、受国家调控政策的影响，政府要求开发商建更多的限价商品房，微薄的利润令小开发商进退两难，而大开发商则可以采用标准化的生产方式，解决低收入群体的住房问题。这种新的住宅开发模式采用流水线生产房子，开发周期大大缩短，成本也相对低廉，还能提升住宅的品质。基于这种思想，万科率先在国内尝试大规模推广工厂化住宅产品，如在珠三角采用流水线生产房子的碧桂园模式。第二、受传统粗放型工业发展的影响，中国目前的建筑工业在整体质量方面与西方先进国家相比差距明显。我国在注重发展与扩张的同时，建筑品质差又是有目共睹的。经济的快速发展使人们都想又快又省地建房子，然而因为品质差，许多建筑没过几年又要重新来做，这其实是一种极大的浪费。与我国不同，西方国家已经步入了后工业时代，建筑产品开始强调个性化，但这种个性化是在高品质的基础上建立起来的，其重要推动力是它的工业文明，这点我们不能忽略，因为我国目前还未形成严格意义上的工业文明。正如 R·皮阿诺所言："我年轻时，人们告诉我说要想建造一个经济的结构，就必须使用标准件。这在如今已不再适用。在关西机场的结构中，每根龙骨都各不相同，而这恰恰是一个相对简单的程序的结果。你只要将程序输入计算机，计算机就可以切割出每一块不同的材料。"相同的事在中国未必行得通，中国的国情（如材料工业、施工工艺、财力、人力等因素）决定了我们该选择走什么样的道路。所以，中国建筑业应当摒弃那种仅靠价格来竞争的原则，转而通过提高建筑的品质来提升自己。

目前，中国建筑业不能再沿袭以往只发展与扩张的老路，必须着眼于用超等质量的产品来夺取世界市场，这种状况有点类似于 19 世纪末期德国遇到的问题。当时德国的产品低廉丑陋，逊于英美。在这种状况下，德国的评论家提出用超等质量的产品来夺取世界市场，如弗里德利希·诺曼认为"超等质量只能由一批既有艺术修养，又能面向机器生产的人士以经济的方式实现。"[25] 在这种思想与精神的推动下，赫曼·穆台修斯与格罗庇乌斯走出了两种不同的路线。赫曼·穆台修斯提出在工业生产中设计规范的思想，他宣称建筑艺术应趋向摒弃特殊性而建立秩序化的典型，鼓吹推出国家标准，为所有的产品都制定标准。而格罗庇乌斯却认为，一旦推行了穆台修斯的政策，设计师与建筑师都会束手无策，个人的创造性将会走向萎缩枯竭。他提出将手工艺同机器生产结合起来，用手工艺的技巧设计高质量的产品，提供给工厂大规模生产。这两种观点其实是"Norm"（规范）与"Form"（形式）、"Type"（典型）与"Individuality"（个性）之争，但不容置疑的是，没有穆台修斯推动的标准化生产模式，高质量的产品就无从谈起，一味地追求形式、个性也变得毫无意义。而且，正是源于此次争论与实践，德国特色的工业美学才形成。类比之下，目前中国建筑业缺少的就是大批量而又超等质量的产品，尽管在沿海一些大中型城市内，我们能看到鸟巢、国家大剧院、金茂大厦等一些高品质的建筑，但它们只是很小的一部分，大批量的建筑仍然处于"劣质"状态。我们耳边也常常充斥着这些抱怨：我国当前的材料与构造技术较差，整体的施工工艺落后，中国只有制造没有创造等等。

显然，当前中国建筑业正面临着一个重要的时代转型期，综观全局，注重超等质量的标准化的生产模式也许是一种切实可行的选择。

[25] 肯尼斯·弗兰姆普顿. 现代建筑——一部批判的历史 [M]. 张钦楠，等译. 北京：生活·读书·新知三联书店，2004：115.

4.5.2 传统建筑规模化生产的启示

为了实现大批量生产，人们很早就发明了以标准化的零件组装物品的生产体系。其中，零件可以大量预制，并且能以不同的组合方式迅速地装配在一起，从而用有限的常备构件创造出变化无穷的单元。这些构件（模件）通常是建立在一个模数配合的基础之上的，以保证模件的相同复制，以及在不同尺寸之间保持协调，最终组合形成一个整体。

在建筑方面，古代中国人很早就开始借助模件体系，并将它发展到了令人惊叹的先进水准。譬如，我国古代建筑模数制规定了材料加工与构件生产的规格和标准，它配合生产施工中的预制和装配要求，最终形成了令人瞩目的古代梁柱建筑体系。当然，模件体系并非中国所独有，也存在于其他文化之中，特别是工业革命后的西方国家，借助机器化的大生产，发展了建筑模件化生产体系，把建筑推向产业化，使建筑的大规模化生产成为可能。如勒·柯布西埃提倡"大工业应当从事建造房屋，并成批地制造住宅的构件"，并在实践中发明了多米诺框架去大量生产住宅。此后，随着建筑构件专业化分工日益细致，愈来愈多的建筑师对建筑模件进行了更多尝试，创造出各种技术系统，包括学校建筑系统（如英国的 CLASP、SCOLA 等系统），由钢和钢结构制造商和承建商以及水泥预制板工业创建的工业厂房和农业建筑体系，工业化住宅体系（包括钢筋混凝土大板系统、建筑部件系统、建筑服务系统）等等 [26]，这些体系建筑的提出固然有一定的优势，但缺点也是有目共睹的，成功的例子不多，尤其在强调建筑多元化、地域性的今天，人们逐渐对之持一种否定态度（如丑陋的建筑造型、低质量的贫民窟等）。这使体系建筑这一概念彻底身败名裂，建筑的模件化似乎也变得一无是处。其实，这不是技术应用上的失误，而是我们对模件产生了一些误解。

以下内容尝试对我国古代模数制做一个解析，究其根源，分析利弊，希望提炼出一些优秀的设计理念与方法，并将之应用到现代大规模生产中。

[26] 久洛·谢拜什真. 新建筑与新技术 [M]. 肖力春，李朝华，译. 北京：中国建筑工业出版社，2005：118.

1）对部分与整体关系的把握，折射出人们不同的思维模式

作为一种设计方法，中国古代模数制的特色充分体现在把握部分与整体的关系上，其基本思想与方法在于以单元基准权衡和把握整体以及控制

部分间的关系，形成独特的部分与整体的比例观[27]。历史上建筑模数制在各个时期的发展具有不同的特色和变化，通过分析模数方法与程度变迁的过程，就可以初步了解中国古代模数制演化的大致趋势和倾向。

从模数方法的变迁来看，中国古代模数制经历了从整体决定部分到部分决定整体的一个设计思维与方法的演化过程。总体来看，前一阶段强调整体，注重整体的结构关系，设计方法从整体到部分，以整体优先为原则；后一阶段强调部分，注重局部的形式比例，设计方法从部分到整体，部分支配整体，以部分优先为原则。如宋式举折，总的高跨比为整数，而每一椽架的高跨比为非整数；清式举架，总的高跨比为非整数，而每一椽架的高跨比为整数。简而言之，初期由整体的分割而决定部分，后期以部分的重复而支配整体（图4-32）。

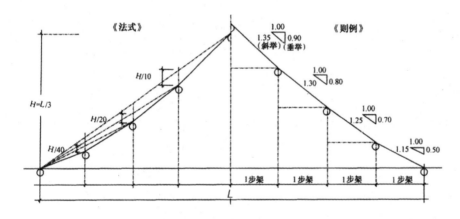

图4-32《法式》《则例》屋架设计法比较图（殿堂）

从模数化程度的变迁来看，中国古代模数技术的发展经历了从制材规格化到构件、节点标准化，再到整体模数化的历程，即从构件模数化到单体模数化的发展趋势。模数化的发展过程是一个逐步完善的过程，从大量构件的模数化逐渐扩展到所有构件的模数化，直至空间尺度的模数化。这样一来，便由部分模数化转为整体模数化，在整体模数化的制约下，整体因部分的集合而被动生成，整体设计也就没有主观机动的余地和必要了。由于单体不再是设计的主要对象，设计的中心便转向群体布局，即程序化的单体的组合与配置[27]。并且，在特定地域或规制等因素的影响下，建筑群体布局也进一步程序化了。

总之，用来衡量其他相关部分的度量单位或标准部分的单元基准随对

[27] 张十庆. 部分与整体——中国古代建筑模数制发展的两大阶段 [R]. 东亚建筑史论坛（南京，2004）.

象而变，并相互关联，而整体是一个相对的概念，它或许是某一构成的整体，或许又是另一构成的单元。因此，在建筑的设计与建造过程中，把握好模数化的部分与整体的关系能促进建筑大规模生产的顺利进行。

2）基于比例而非绝对尺度的模件化增长方式

在中国古代的建筑领域中，按照相对的比例而非绝对尺度来衡量建筑的部件是被广泛而娴熟运用的一个原则。基于此原则，在实际操作过程中，匠师依照整个体形的等级而相应地变化其尺寸。如梁栿的长度是用它所跨越的椽架数量来衡量，人们称一根梁为四椽栿，而不用说明它的实际尺寸。再如一座建筑物通常是用开间数来描述它的尺寸，如人们说佛光寺大殿的尺寸为 7×4 开间，而不是说它宽 34 米，进深 17.66 米[28]。

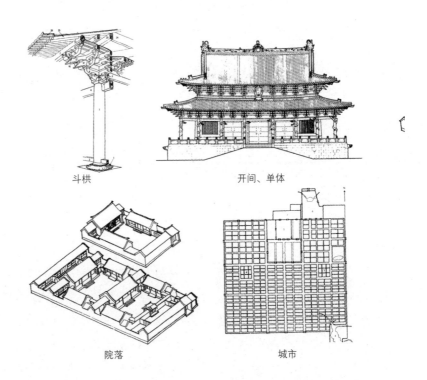

斗栱　　　　　开间、单体

院落　　　　　城市

图 4-33 建筑与城市的尺度

[28] 雷德侯. 万物——中国艺术中的模件化和规模化生产 [M]. 张总，等译. 北京：生活·读书·新知三联书店，2005：188.

"凡构屋之制，皆以材为祖；材有八等，度屋之大小，因而用之。"（宋《营造法式·大木作制度一》）古代匠师只需在几点（如类型、等级和间数等）上达成一致，便可以在一个固定的模式框架内进行大规模的标准化加工。匠师们对部件进行分类，从最简单的斗栱开始，到开间、单体、院落直至城市，这样一个渗透于建筑物之中并联系其所有部件的尺寸网络便形成了，所有的参与者都在这个固定的框架中进行操作（图 4-33）。但是，尺度是相对的而不是绝对的，所以建筑物具体尺度的确定仍有相当大的自由度，如"凡随梁枋以进深定长短，如进深一丈四尺，内除柱径一分"。

另外，人造的模件化单元有两种增长方式。所有的模件都是按比例增长的，但达到某一限度时，这种合乎比例的增长就停止了，代之以新模件的加入。如一座五开间的殿堂，它的尺度可以依照比例比原来稍大百分之十到二十，但如果需要更大的建筑，就需要变为七开间；同样，当单体建筑达到它的最高限时，就需要通过院落的布局来展现建筑整体的大小、等级、尊卑等差别。这有如细胞的增殖，达到某一尺寸一个细胞就会分裂为两个，或者如树木萌发新枝，第二枝丫不是把第一枝的直径增加一倍。如此类比，建筑的整体性在这种复杂的依次递增的层次发展中逐渐得到了彰显。

最后，还需指出的是，建筑的模件化是为了解决建筑生产的质和量而创造出来的手段，但建筑本身绝无人们所认知的模件性。建筑师不能为了模件性而去刻意地应用模件，否则就是本末倒置了。

4.5.3 措施

1）从群体布局着手，充分发挥模数化的优势

由前文所述，中国传统建筑主要以群体布局取胜，单体建筑不是设计的主要对象，所以，在外国人眼里，中国古代单体建筑是"欲强为分类，亦无法可分"，但这也正是中国古代建筑的一个最大的优点。因为，古代工匠只要大致知道房屋的一些基本数据，就可以根据当地建筑的原型"克隆"出来一个单体建筑。在这过程中，大部分工匠有点类似于现代工业生产体系中流水作业的工人，真正的工艺师指那些具有特殊技能的工匠。如制陶，一些器皿的效果依赖精确性和统一性，而并不依赖于艺人的个性。人们用模子大量生产陶器，每个单体自身不是新的设计，而是从模具上复制下来的（图4-34）。可以说，一旦制模者的工作完成，任何对手工艺的夸耀都是徒劳的[29]。手工艺人和工匠的区分正是在这一分工中才真正体现出来。同样，如果建筑大批量生产，需要复杂的技术和大量的财力资源，利用模数化的优势，大多数生产便分散到一个流水作业的生产体系中去了。显然，这种规格化、标准化单体建筑符合古代建筑规模化生产的需求，而手工艺人，如柳宗元笔下的梓人，则主要扮演一个协调者的角色，他通过群体的布局

4-34 翻制阿雷汀陶钵的模型

[29] 爱德华·卢西—史密斯. 世界工艺史 [M]. 朱淳, 译. 杭州: 浙江美术学院出版社, 1993: 7.

最终发挥出建筑的整体功效,从而避免了标准化所造成的单一化。相对而言,国外建筑模数化的焦点主要集中在建筑的单体上,建筑规模化生产主要以制造大批量的建筑构件为主,是一种由下而上的模数化模式,我国现代建筑的工业化大生产的思想受其影响较重。

在西方,现代建筑的大规模的生产模式主要集中在单体研究。如奈尔维把大型结构分解为相同的部分或者一系列相同的部件,事先预制好这些构件,然后现场组装,形成一个建筑与结构上的整体。随着技术的发展,技术及设备系统愈来愈复杂,建筑师开始尝试采用通用结构、通用空间。如福斯特认为建筑技术和设计观念要进行根本性的改革,他提出了可变机器的概念,即设计可用于多种不同并使用灵活的建筑。这样一来,建筑模件愈来愈大,巨型构件、成品功能空间、插入式舱体(plug - in pod)结构等应运而生。如黑川纪章在 1971 年设计的中银舱体楼,把居住细胞还原成预制容器(图 4-35)。中银舱体大楼中心为两个钢筋混凝土结构的核心筒,包括电梯间和楼梯间以及各种管道。其外部附着 140 个正六面体的居住舱体。舱体的尺寸为 2.5 m×4 m。每个舱体用高强度螺栓固定在核心筒上。几个舱体连接起来可以满足家庭生活的需要。但是,这些通用结构、通用空间大多数还停留于特殊或实验性建筑之中,并没有得到广泛的推广。究其原因,设计者与使用者的选择较少,缺乏个性是其发展的重大障碍之一。因此,我们可以借鉴中国古代模数制的一些优点,从群体布局着手,增加模件的组合层次,为设计者与使用者提供更多的选择,这也许是建筑模数化生产的一种新选择。

图 4-35 中银舱体楼

2）推进民族化、地域化构件的标准化，促进建筑规模化大生产

对于一些民族化、地域化的构件，可以工厂化制造，这些经过严格的工业生产的零部件可以保证质量，组装出来的房屋可以达到功能要求。而且，工厂预制好的建筑构件运来后，工人在现场按图组装，工地上再也不会出现过去那种大规模和泥、抹灰、砌墙等湿作业。当前，推进民族化、地域化构件的标准化，有利于建筑的规模化大生产，大大缩短建筑工期，减少劳动力，还能节省能源，提高施工质量，降低施工成本等等；同时又能弥补当前传统匠师日益缺少、传统工艺日渐消失等缺陷，促进了传统工艺精华的固化与传承（图4-36）。

图4-36 民族化构件的预制

此外，我国劳动力资源充裕但先进的安装设备短缺，人们认为传统工艺有时比现代工业更有效。受传统工艺理念的影响，我国建筑业的工业化大大落后于其他制造工业。在这种情况下，我们有必要区别对待，在有条件的地区或针对不同的建筑类型实施建筑的现代化工业大生产；在施工环境比较恶劣的地区、古建保护区等，尽可能地把现场施工作业转移到工厂，使现场作业机械化、自动化。

3）加强室内装修与家具的模数化，实现产品的多样化

我国许多现代建筑表面看上去非常漂亮，内部设计却很差。"里"与"面"不一样，设计其实是由两次设计造成的，第一次是设计外观，里面的设计再由其他人来完成。在过去，建筑、结构、装修本来就是一回事儿，而我们所指的一般意义上的装修，却是在建筑、结构都做完之后，再附加上一张皮。

为了追求与之相同的效果，建筑师可以通过加强室内装修与家具的模数化，让建筑与装修真正融为一体。譬如，在北京中银大厦的设计中，贝聿铭采用了非常精彩的模数制，贯彻设计的始终，从而取得了近乎完美的效果。最基本的模数来源于立面上一块石材的尺寸，这个尺寸为1 150 mm×575 mm，是2/1的比例关系。建筑的基本轴网为6 900 mm，层高为3 450 mm，它们分别为石材长宽的6倍。建筑的门高为2 300 mm，是3 450 mm的2/3，为四块砖的高度，同时也是高级建筑的理想门高。建筑各处的尺寸都符合这个模数，这样一来，最后的装修效果非常完美，到处都是整块的石材，决不会出现不合模数石材的情况。而且在施工过程中，一块标准尺寸的石材在哪里不经切削都可以使用，大大方便了施工[30]。

模数制的采用还能体现出一种特有的民族与地域的建筑风格。譬如，在室内空间的布局上，日本人在生活中形成了以榻榻米为标准的模数体系，这令他们很快就接受了从德国引入的模数概念，但不同于德国那种高度理性的，甚至是不近人情的，有时缺乏对设计和人的心理关系的考虑的模数概念，他们在探索本土文化内涵的同时，找出传统文化与自己个性的碰撞点，将榻榻米为标准的模数体系巧妙地应用到现代建筑设计中，充分体现了日本少而精的简约风格，从而形成了自己独特的现代设计风格。因而，在日本不少的现代建筑中，我们能够感受到一种静、虚、空灵的境界，更深深地感受到一种东方式的抽象，这非常值得中国的建筑师去学习和借鉴（图 4-37）。

图 4-37 日本茶室空间设计

4）设定合理的公差，提高模件的互换性

在传统建筑中，工匠们非常注意一般工作过程中的尺寸，但模件复制主要依靠手工成形，模件与模件之间都有些细微的差异，这种差异可以通过工匠的手工方式在后来的模件组合过程中消化。工业革命以后，随着较大比例的预制构件的生产与装配，模件复制日益趋向精确化与机械化，如果缺少了合理的公差，就会延误工期和提高造价，建筑公差就变得更加重要了。尤其是近几十年来，借助于数字技术，人们能够精准地制造或复制模件，同时，每个模件又可以具有不同的尺寸与功能，因而模件的模数特征没有以往那么强烈了，相比之下，模件公差的选择则成为模件应用的一

[30] http://www.arch-world.cn
贝聿铭的设计方法及启示

个关键因素。合理的公差可以在不同尺寸构件间保证协调，而且在构件同整体建筑物的尺寸间保证协调，提高了模件的互换性，这反过来又促进了建筑模件的发展。正如J·F·艾顿所言："在工程学的尺寸控制发展过程中，从来不曾以模数协调为目的。相反，公差控制才是使一套组件可以被替换的基础，对这种控制而言，尺度上的标准化并不是必需。"[31]

当然，我们不是鼓吹每个模件都需具备不同的形状和特征，因为多种差异性的叠加并不等于多样性，但缺少了节律的多样性也会陷入困境。因此，在实践中我们需要根据具体工程设定合理的公差。

4.6 打造全新的技术平台

随着现代科技的迅速发展，建筑日渐依托成千上万种新材料、新工艺和新产品的集成，如果设计师凭经验选配建材，很容易与新技术失之交臂，因此，我国需要尽快建设与完善一个拥有建筑产品技术信息、规范标准信息、专业期刊图书信息、行业动态等多项数据库的信息平台，包括建筑设计、施工、运营等全生命周期的互动模拟、评价体系，为建筑的产品供应商、设计者、使用者提供一个互动的平台，以便设计师推出更广泛、更先进、更科学的合理化方案。

譬如，建筑师对方案提出一个初步构思，进入网络互动平台。步骤一，输入参数，如区位条件（气候、地方法规等）、地形特征、用户需求、体量控制、建筑类型与体形（各种几何形的初步设想）、结构类型（如是钢结构还是混凝土结构）等，模拟生成多种方案。步骤二，方案评估，以基本结构的评估为例，如用材量、供需关系、周期、造价、劳动力、相关实例的比较（需要有大量的工程实例，甚至大样的图解与分析等）以及用户、市场与厂商的反馈意见等。步骤三，调整与再验证，在各方利益中寻找一个平衡点，选择一至两个较优的方案，在此基础上进一步细化分析。步骤四，方案定型，进入施工图设计及施工配合等阶段。由此可见，各种互动增加了建筑师对技术的敏感性，又节省了建筑师大量的时间与精力，更有利于个性化方案的诞生。

目前，上海现代建筑设计集团在国内率先推出了建筑技术资讯平台，

[31] 克里斯·亚伯. 张磊，司玲 等译. 建筑与个性——对文化和技术变化的回应 [M]. 北京：中国建筑工业出版社，2002: 6.

它是集信息提供、在线交流、技术咨询服务三大功能于一体的，面向建筑设计机构和设计人员的建筑信息平台——MATi3.0专业技术信息交互平台。其内容主要分为四大类：第一类是产品技术信息，包括产品的性能参数、价格、相关图片资料、ACAD 图纸、产品样本的电子版本等，到目前为止已拥有 25 个大类、870 个分项，涉及 100 个行业的相关产品信息；第二类是标准规范信息，提供国家及上海标准规范全文检索功能，提供全国各地的地方标准规范、图集、定额、规程的条目及相关索取方式；第三类是期刊信息，提供建筑类图书期刊的全文检索；第四类是行业新闻信息，提供行业专题及相关新闻。美中不足的是，此信息平台以查询为主，未能充分发挥人机友好的互动式界面，在开放式互操作性系统技术的发展研究上尚未真正起步，与国外相比差距很大，亟待投入极大的财力与物力加以改进。

再以网络的使用为例。国内大多数中小城市的设计部门只是将其看作信息交流的平台，缺乏互动性，电脑的应用更像单兵作战。相比之下，国外事务所则走得很远。以贝聿铭建筑师事务所为例，从他们的图纸中可以体会到电脑所起的关键作用。图纸中大量使用"Xref."（外部引用），使大小样都引自共同的源文件，这样就大大节省了校对图纸所花费的时间。比如 1:200 的平面，各个核心筒从各自的核心筒平面中引用，核心筒平面中包括了楼梯、电梯、卫生间，要把这些过于细节化的图层关掉。至于楼梯、电梯、卫生间的详图，也引自核心筒平面。这样一来，如果要做改动，只需修改核心筒平面就行了，因为所应用的 Xref. 有即时更新的特点，1:200 的平面及详图不经修改就可以自己更新。于是，许多重复的工作就节省了。但 Xref. 的应用常常使一张图的图层多达二百多层，不熟悉该程序的人应用起来困难很大。另外，象属性、纸空间、模型空间等命令在他们的图纸中也经常被使用到 [32]，但诸如此类的指令在国内中小设计院很少使用，更不用说美国建筑师弗兰克·盖里所应用的 CATIA 软件平台（将互动性的范围扩大至建造施工与材料供应等领域）了。

综上所述，友好平台的建立不仅可以提高设计制作的速度，更重要的是向广大普通使用者开放，参与设计，进一步缩小存在于需求与生产之间的鸿沟。目前，受知识产权的保护、技术手段的限制、技术信息的管理等因素的影响，建立一个理想的友好平台在现实中仍有很大困难，如建筑实例及建筑细部的上传、建筑地域基因库由谁来建立等。但是，我们不妨先

[32] http://www.lasky.cn/bbs/
viewthread.php?tid=574

从建立一个局域网络（如各设计单位或事务所的局域网）起步，然后在各网络之间进行大规模地协作，尽可能实现互通，最终建立起一个完整意义上的互动的友好平台。

4.7 本章小结

传统技术的理念可归纳为"体宜""因借"与"工巧"，借此理念，本章对当前建筑设计过程中的技术应用进行分析与探讨。

（1）技术器物的质的实现需要借助于建筑材料的技术与建筑系统的技术。

（2）建筑材料的技术。建筑师无须因为传统材料具有某些缺陷而弃之不用，也不必勉强使用传统材料，重要的是合适的寿命能够在合适的地方得以体现。

（3）建筑系统的技术。建筑物必须通过自身的形式，按照室内外环境的变动设置缓冲。

①时间的缓冲，主要指时滞效应，通过维护材料的合理设置，建筑师可以设定热量释放的时间差，在能量交流与再分配的缓冲过程中，使能量充分转化为有效的形式。

②空间的缓冲，类似于一种生态过滤器，在居住单元与外部环境之间设置多层次的缓冲区，具有连接不同空间的缓冲功能。从建筑的剖面来看，由外及内主要分为三类：建筑室外空间的缓冲、建筑外表皮围合空间的缓冲、建筑内部功能空间的缓冲。

（4）量的实现离不开大规模生产，建筑师需要在个性化与标准化之间寻求一个平衡点。

我们的建筑法规被预设为防止最差的，实际上他不能防止最差的，最好的却被摧毁了……他们支持平凡的。

我必须为我的建筑而抗争，从一开始就必须抗争，因为主管机关很清楚的发觉到威胁。许多提交主管机关的设计，我们或许必须提送法院以争取通过或最好是通过协商得到满意的结果，永远试着避免妥协。

—— 格兰·穆卡特（2002 年普立兹克建筑奖获得者）

我们正处在一个十分矛盾的境地：一方面，标准层出不穷，但另一方面，可能的极大扩展有时会动摇标准概念本身。[1]

—— 安东尼·皮

5 控制与引导 —— 建筑技术的制度保证

技术的发展其一端作用于自然，另一端为人类所用，它的发展受到各方面因素的影响和制约。其中，制度作为建筑师进行创作设计的依据，在很大程度上影响与规范着技术的发展，甚至起决定性的作用。目前，受能源危机的影响，建筑技术越来越受到国内建筑师的重视，不少建筑师在国外建筑技术的引进和传统建筑工艺的探源方面颇有建树，尤其在技术的具体应用措施及技术的表现层面上研究颇丰，然而对技术的社会属性——制度的关注却远远不够。皮之不存、毛将焉附，这种对技术制度认识上的缺陷正严重制约着当前国内建筑技术在设计领域中的发展，在实践中最直接的表现就是建筑技术的发展品质不高。为此，本章对建筑设计领域中的技术制度在技术发展过程中的控制与引导进行讨论，并针对目前国内技术规范（标准）体系的现状，从技术管理、技术要求、技术评价等方面提出相关的应对战略与措施。

[1] R·舍普，等. 技术帝国 [M]. 刘莉，译. 北京: 生活·读书新知·三联书店，1999: 12.

5.1　我国传统建筑技术制度的主要特征及启示

5.1.1　我国传统建筑技术制度的主要特征

1）官式与民间的建筑技术制度之间的互补性

为了组织大规模的生产，官府常常调集全国各地富有经验的工匠，促进地域性设计之间的交流，在规范上逐渐统一，建立了一系列建筑制度。基于当时的社会背景，古代各王朝在民间建筑实践的基础上编制了相应的官式技术规范，提出了一定的技术管理措施与技术要求，这些有点类似于现代的建筑技术法规，是正式的条文，代表着官方的解释。它们应用的主要对象为官式建筑，其特征是由官方制定、管理与监督，在全国范围内适用的关于建筑技术的做法、工料定额等的建筑法规，或关于这方面的记录。如唐代的《营缮令》，规定了官吏和庶民房屋的形制等级制度；宋代的《营造法式》是关于当时宫廷官府建筑的释名、各种制度、工限、料例、图样等内容的规范，这标志着建筑技术向标准和定型方向的发展；清代的《工部工程做法则例》主要以文字形式表达了若干匠作则例的规定，等等。这种定型化的技术规范对汇集工匠的经验、加快施工进度、节省建筑成本等有显著作用，进一步促进了建筑工程的标准化与规范化。在历史上，这种技术制度蓬勃发展，一脉相承，延续几千年。

民间的建筑技术制度主要指非官式的建筑技术制度，是非正式的、无法规制约的经验总结。它们类似于现代的一些标准或涉及技术内容的资料，在选用及操作上具有很大的灵活性。它们在一定范围内被采纳，带有鲜明的地域与民族色彩，呈现出多样化的特征。如北宋的《木经》，明代的《鲁班营造正式》《新镌京版工师雕斫正式鲁班经匠家镜》《长物志》《园冶》，清代的《扬州画舫录》及附录《工段营造录》，当代的《营造法原》等等。

官式与民间的建筑技术制度之间的这种差异，在技术的发展过程中具有很好的互补性。官式技术制度的强制性往往促进了特定技术标准的执行。它整合了民间各种地域性的技术规范，形成了统一的建筑式样、风格与价值，产生了特定的建筑符号，并加以法规性的限定，生成了覆盖全国的经典的建筑形式，它几乎左右了中国建筑史的发展方向。民间技术制度的自愿性从另外一方面带来了我国建筑形式的多样化；保存了更多因地制宜的特点，是处于一种自然状态的标准，在没有提升为官式标准之前，更贴近人们的日常生活。它往往在一定的区域里，通过地域、血缘家族的师徒传承来延续发展，生成非正统的、支流的建筑形式。相对于官式技术制度，它在建筑发展史上未受到真正的关注，人们赞赏经典建筑技术（如举折、举架等）的同时，更多地用一般造物的态度去看待地域建筑技术，认为民间的技术在长期的生产过程中墨守成规，因袭着一技之长而没有创新。其实，民间技术制度由于受规范制约少，发挥的自由度反而较大，在技术发展上的突破也较为突出，所以，由于功能与形式的合理性，它具有更普遍的意义，是技术发展的真正的基础主干部分。

总体来讲，官式与民间的建筑技术制度是建筑技术发展的两大分支，官式建筑技术制度是在民间的建筑技术制度的基础上发展提升的，进而确定了主流的或中心的地位，而它一旦形成之后，又在某种程度上限制了民间技术制度的发展。可见，官式与民间的建筑技术制度是在相互促进、相互抗争中不断突破又整合发展形成的。

2）建筑技术制度中模数化的制定与运用

中国传统建筑以木结构为主，为便于构件的制作、安装、估工和算料，逐渐走向了构件规格化，促成了设计的模数化。早在春秋时的《考工记》中，就有了规格化、模数化的萌芽，至唐初就已经定型化、标准化，由此产生了与之相适应的设计和施工方法。到宋元符三年（公元1100年）编成的《营造法式》，首次用文字规定了建筑模数的制定和运用，并形成官方的技术制度，为后代沿用直到清代。

《营造法式》全书共三十六卷，三百五十七篇，三千五百五十五条，分释名、各作制度、功限、料例、图样五部分。其内容多来自当时熟练工匠的经验，成为当时中原地区官式建筑的规范，是建筑技术向标准和定型方向发展的标志。它将"材分八等"，即以与建筑规模等级相应的某一尺度作为建筑空间及构件的尺度模数，标明了我国古代传统的"以材为祖"的木结构的各种比例数据，说明了我国传统的木工特点。同时它把"有定式而无定法"作为规范贯穿各种制度的主导思想，使规格化与多样化可以并行不悖，这有点类似于现代意义上的性能规范。清代前期编修的清工部《工程做法》74卷也是一部典型的则例，其中详细列出27种建筑物所用的每个木构件的尺寸。它对建筑物的规划布置、结构形式、规格尺寸、卯榫连接都有具体明确的规定，代表了当时建筑标准化的技术水平。

由此可见，建筑的模数化通过官方的则例确定，成为技术制度的指导原则，对统一的技术标准的形成与成熟有一定的帮助，在实施过程中显示出极大的经济与社会效益。今天，注意发掘和总结过去技术制度的经验，无疑具有重要的现实意义。

5.1.2 传统建筑技术制度的局限性

中国传统建筑的发展具有历史的特殊性，正如林徽因所言："中国建筑为东方独立系统，数千年来，继承演变，流布极广大的区域。虽然在思想及生活上，中国曾多次受外来异族的影响，发生多少变异，而中国建筑直至成熟繁衍的后代，竟仍然保存着它固有的结构方法及布置规模；始终没有失掉它原始的面目，形成一个极特殊，极长寿，极体面的建筑系统。" [2] 中国传统建筑技术制度的超稳定性正是中国传统建筑长寿的根源之一。几千年来中国传统建筑保持着连续相继地发展，这说明了它的技术体系是极其优越且经得起任何冲击和考验的，而这种具有强大生命力的技术体系却在清朝末年轰然倒塌，其发展受到了一定的限制。

其一，由于受直观思维的影响，这些技术的法式、做法往往是经验型的，缺乏科学的理论支撑，因而其局限性也是比较突出的。如吴焕加在分析《营造法式》《工部工程做法》等著作中有关建筑尺度的规定时就指出，这些规定体现了古代工匠从实践中积累的经验，而不是科学分析和详细计算的产物。这种基于宏观经验而得出的法式制度，一般使建筑物的构造尺寸偏大，用料偏多，安全系数过大。古代许多建筑能够保留至今，原因之一就是它们在结构上有很大的强度储备。另一方面，古代的建筑通常是盖一点，瞧一瞧，不行再改，时间拖延很长。历史上垮掉的建筑是很多的 [3]。

所以说，虽然我们的标准化已经达到了很高的水平，但技术标准却无法以理性化的指标来规定。许多工艺标准需要靠工匠们的直观经验来把握，而且，传统建筑技术基本上是在总结建造经验的基础上来确定的。许多技术的安全标准是在实际操作过程中，通过逐次逼近的途径来确定的，由于

[2] 梁思成. 清式营造则例 [M]. 北京：中国建筑工业出版社，1981：3.

[3] 吴焕加. 建筑的过去与现在 [M]. 北京：冶金工业出版社，1987：383.

不清楚材料或结构力学的临界点在何处，全凭经验摸索将材料的尺寸加一截减一截，有许多标准是在出了事故之后才发现可靠性临界值的。此外，由于过于考虑安全需要，有些工匠在设计与建造的过程中选择材料尺寸比较大的、结构选型比较保守的方案，造成了很大的浪费。

其二，作为传统建筑技术制度的主流，官式的建筑技术制度渐渐地由定型化走向程序化，后继者在"遵制法祖"的同时妨碍了建筑的创新，清朝末年甚至到了故步自封的状态。另一方面，国外新材料、新工艺、新设备大举涌入，我们在被动移植国外技术体系的同时，又扼杀了民间传统建筑技术的良性发展。至此，我国传统建筑技术制度走向了崩溃，在以后的发展中，现代与传统之间出现了一定程度的断裂。

5.2 国内外现行建筑技术制度体系的发展现状与分析

我国现行的建筑技术制度包括天然的技术规范体系与有组织的技术规范体系。有组织的技术规范体系主要是指由官方或官方认可的机构制定的、理性化的技术规范体系，有别于传统的官式技术制度（属于经验型的技术制度，主要针对官式建筑的技术规则，民间的或一般的建筑受其影响不大），它对所有的建筑工程起制约作用，在技术活动中占主导地位。由于受有组织技术规范体系的制约，天然的技术规范体系逐渐走向衰微。

鉴于此，本章以有组织的建筑技术制度（官方的、有法律法规制约的技术制度）的发展为主线，天然的技术规范体系（非正规、民间的或没有上升为正规制约的行规、道德制约等等）为辅线，对现行技术制度展开研究。

5.2.1 我国现行建筑技术制度的发展现状

现阶段，我国已经形成法律（如《建筑法》）、行政法规和规章（法律的进一步细化，是建筑法律的配套法规）、技术标准与规范（适用于国家标准、行业标准、地方标准和企业标准的一系列强制性标准和推荐性标准）这三个层次的建筑业法规体系。相对建筑技术制度来说，它的主要成就更多地体现在技术标准与规范的发展与完善方面。

在总结新中国成立三十年标准化的经验和教训的基础上，国务院于1979 年 7 月 31 日颁布了《中华人民共和国标准化管理条例》，它规定了标准一经批准发布即是技术法规，明确了标准化在我国社会主义建设中的地位和作用，说明了标准化的管理机构、队伍及其任务。原国家建委根据此条例的有关规定，结合工程建设标准化的具体情况，组织制订并于 1980年 1 月颁布了《工程建设标准规范管理办法》。国务院有关部门和各地基本建设主管部门也以此为基础，分别颁发了本部门、本地区工程建设标准化工作的管理法规，由此形成了由上而下、相互衔接、相辅相成的工程建设标准化管理制度体系[4]。

20 世纪 80 年代中后期，出于经济改革和商品经济发展的需要，人大与国务院于 1988、1990 年先后通过和颁布了《中华人民共和国标准化法》（以下简称《标准化法》）与《中华人民共和国标准化法实施条例》（以下简称《标准化法实施条例》）。新的标准化法对原来单一制的强制性的标准体系进行了修订，规定了制定标准的范围，确立了强制性与推荐性标准相结合的标准体系，此处的强制性标准类似于 TBT 协议（《贸易技术壁垒协议》）中的技术法规，推荐性标准类似于 TBT 协议中的标准，明确了相应的法律责任。为了贯彻实施《标准化法》与《准化法实施条例》，1990 年以来，建设部根据新的标准化工作的特点，相继颁发了《工程建设国家标准管理办法》《工程建设行业标准管理办法》等规范性文件，促进了工程建设标准化工作的开展，形成了一个以结构优化、层次清晰、数量合理为特点，包括城乡规划、城镇建设、房屋建筑 3 个方面内容的标准体系框架。

在市场经济的推动下，为适应加入世界贸易组织的需要，积极与国际惯例接轨，建设部于 2000 年在北京集中了我国有关房屋建筑重要强制性标准的主要负责专家，从十余万条技术规定中，经反复筛选比较，挑选出对建筑工程的安全、环保、健康、公益有重大影响的重要条款，编制成《工程建设强制性条文》（房屋建筑部分）。其内容是现行工程建设国家和行业标准中直接涉及人民生命财产安全、人身健康、环境保护和公共利益的条文，同时考虑到了提高经济和社会效益等方面的要求[5]。与一般的强制性标准相比，它具备法律性质与可操作性，不管是否发生工程质量事故，都要追究责任，处罚力度远远大于一般的强制性标准。它的发布与实施初步解决

[4]　建设部标准定额司. 工程建设标准体系（城乡规划、城镇建设、房屋建筑部分）[M]. 北京：中国建筑工业出版社，2002：4.

[5]　建设部关于发布 2002 年版《工程建设标准强制性条文》（房屋建筑部分）的通知。

了标准过多过细，强制性内容范围偏宽、数量偏多，强制性标准和推荐性标准混杂等问题。它不仅是参与建设活动各方执行的工程建设强制性标准，还成为政府对执行情况实施监督的依据，奠定了技术法规的雏形。

为了适应国际技术法规与技术通行规则，2016 年以来，住房和城乡建设部陆续印发《深化工程建设标准化工作改革的意见》等文件，提出政府制定强制性标准、社会团体制定自愿采用性标准的长远目标，明确了逐步用全文强制性建设规范取代现行标准中分散的强制性条文的改革任务，逐步形成由法律、行政法规、部门规章中的技术规定与全文强制性工程建设规范构成的技术法规体系[6]。积极对标国际标准和发达国家标准，日前，住房和城乡建设部联合相关部门陆续发行了《民用建筑通用规范》（GB 55031—2022）、《建筑防火通用规范》（GB 55037—2022）、《建筑与市政工程无障碍通用规范》（GB 55019—2021）等强制性项目规范与强制性通用性规范，前言明确规定：强制性工程建设规范实施后，现行相关工程建设国家标准、行业标准中的强制性条文同时废止。

	分 类		特 点	现行属性	未来趋向
我国现行建筑技术制度	天然的技术规范体系		量多、有待整理	自愿性	由经验型规范向理性型规范转变
	有组织的技术规范体系	推荐性标准	数量多	自愿性	与 TBT 标准接轨
		强制性标准 · 强制性条文	数量较少	法律性质	与 TBT 技术法规接轨
		强制性标准 · 其他强制性标准	数量偏多、杂	法律性质	与 TBT 标准接轨

表 5-1 我国现行建筑技术制度体系一览

综上所述，在建筑工程领域，经过几十年来的努力，已批准发布的标准的数量与 1980 年相比增加了近 20 倍，达到 3 600 余项[7]，现行标准的质量与技术水平也有很大提高，基本满足了工程各个建设阶段的需求。在技术的管理制度方面，各级有关部门也相应地起草并发布实施了配套的规章或规范性文件；同时在几次机构改革中，各级的管理机构与人员得以保留，队伍建设稳步前进，形成了比较完善的技术管理制度体系（见表 5-1）。

[6] 中华人民共和国住房和城乡建设部，国家市场监督管理总局. 民用建筑通用规范: GB 55031—2022 [S]. 北京：中国建筑工业出版社，2022: 5.

[7] 建设部标准定额司. 工程建设标准体系（城乡规划、城镇建设、房屋建筑部分）[M]. 北京：中国建筑工业出版社，2002: 5.

5.2.2 我国现行建筑技术制度存在的主要问题与现状分析

1）技术管理体制的局限性（技术标准与技术法规的需求）

1979 年的《中华人民共和国标准化管理条例》规定了标准一经批准发布即是技术法规，一方面，这强调了标准的重要性，对推动我国建筑标准化的发展有一定的重要意义；另一方面，也为我国建筑技术制度的发展定下了"标准"的基调。此后，在《标准化法》的规定下，我国现行建筑技术制度的管理体制的改革仍旧沿袭着过去"标准"的说法，是强制性与推荐性相结合的工程建设标准体制，这与世界上大多数国家实行的技术法规与技术标准相结合的管理体制有所区别。

在国外通行的技术管理体制中，技术法规是指由政府发布的强制执行的技术文件。它由政府部门或委托的专设机构制定，颁布要经过特定的法定程序，并有严格的使用范围和强制执行的法律属性，其执行情况受政府监督；在实践过程中，不执行技术法规就是违法，就要受到处罚。标准是指由公认的机构核准（认证或认可）的、非强制执行的、供共同和反复使用的文件。标准还包括建立在非协商达成的一致基础上的文件，对技术法规起支撑作用，政府只对其扶持或引导，运作比较协调；在实践过程中，没有被技术法规引用的标准可自愿采用。由于技术法规一般只限于安全、卫生和环境保护等方面的要求，数量比较少，重点内容比较突出，因而执行起来也比较方便，基本能满足市场运行管理的需要，不会对市场的发展与技术的进步造成太多障碍。

为了与世界接轨在技术管理上，我国对标准的释义经历了多次更改与定义，如从标准等同技术法规，到强制性标准类似于技术法规性文件，再过渡到强制性条文是技术法规。同时，在数量的控制上也采取了多种措施，如我国工程建设标准的数量总计约 3 600 多项，其中强制性标准约占总数的 75%，有 2 700 多项，多达 15 万条；强制性条文约占总数的 5%，有 1 444 条 [8]。尽管在理论上强制性条文量变少了，但是原先的强制性标准没有被废除，还是要执行的，只是严格的程度、处罚的方法与程度有所不同。这样一来，在技术控制与管理上出现了推荐性标准、强制性标准与强制性条文并存执行的状况，但这只是在操作上有所不同，并没有实质性的调整，建筑师在设计过程中还是要严格按照国家的规范、标准、规程 [9] 去执行。

[8] 《工程建设标准强制性条文》（房屋建筑部分）咨询委员会. 工程建设标准强制性条文（房屋建筑部分）[M]. 北京：中国建筑工业出版社，2004：2-4.

[9] 标准、规范、规程都是标准的一种表现形式，习惯上统称标准，只是针对具体对象才加以区别。当针对产品、方法、符号、概念等时，一般采用"标准"。当针对工程勘察、规划、设计、施工等技术事项时，通常采用"规范"。当针对操作、工艺、管理等技术要求时，一般采用"规程"。

尽管说"强制性标准必须执行",但是标准毕竟是标准,就其法律属性无论如何,都不可能称其为法规而得到人们的普遍承认或遵循,如规范中表示要求严格程度的用词:表示很严格非这样做不可的用词,正面采用"必须",反面采用"严禁";表示严格,在正常情况下均应这样做的用词,正面采用"应",反面采用"不应"或"不得"。另外,推荐性标准不是强制执行的,是自愿采用的,其规定的技术要求是成熟可靠的。它主要是为了鼓励实践中积极采用新的技术、产品、工艺和设备,发挥科技人员的创造精神,如规范中表示允许稍有选择,在条件许可时的用词:正面采用"宜"或"可",反面采用"不宜"。而现实中推荐性标准在很多技术与管理人员眼里变成了可执行或可不执行的标准,这种理解与其最初的涵义相去甚远。强制性标准数量多、内容杂,强制性条款和非强制性条款又混同存在,面对这种现实状况,建筑师了解和掌握规范的难度加大了,在设计过程中的积极性和创造性必然大打折扣。同时,这些标准在实际工程建设监督中也很难得到真正的全面检查与执行,不能满足 WTO 规定的透明性原则,很难与国际惯例——技术法规与标准体制直接接轨。

2)技术要求的僵化性（处方式规范与性能化规范之间的平衡）

自 20 世纪 80 年代中期以来,许多国家开始修改建筑技术规范,技术规范正在从原先规定具体材料、制品、技术为主的处方式技术规范向规定建筑物各部位的功能为主的性能化技术规范转变,其内容从告诉技术人员如何按处方式技术规范去做,改变为告诉技术人员技术规范的最终要求（使用功能）是什么,至于如何实现功能,技术人员可以发挥自己的创造性。现行技术规范已经部分或全部实现性能化。这样,在满足规定性能的条件下,可以自由选择材料、制品,也可以采用本企业拿手的施工方法。可以说,性能化技术规范将带来建筑设计的新局面（表 5-2）。

表 5-2 处方式设计与性能化设计

	定 义	途 径	过程与目标	主要应用范围	评 价
处方式设计	是一种基于满足规范中所有具体要求的设计方法	按照规范要求由建筑使用用途提供解决方案	需求 关注材料组成、工具、具体工艺等	解决普遍问题	过程评价
性能化设计	是一种运用工程方法达到既定目标的设计方法	工程计算方法按照目标制定解决方案	需要 关注可能获得的成果,手段自由	解决个案问题 关注功能、环境与人	结果评价

20 世纪 90 年代后期，针对西方技术法规的发展状况，中国也开始加紧性能化设计方法的研究和性能化设计规范的制定。总的来说，由于起步较晚，中国的技术规范体系仍旧以处方式技术规范体系为主。建筑标准都毫无例外地规定以采用多年来使用的材料、制品、技术为前提，在设计阶段，设计说明书中要规定具体的材料、施工方法等，而对性能的要求所占比重很小，因此设计人员不能越雷池一步，施工单位不能采用替代工法，监理工程师也只能说"按图纸和施工说明书施工"。须知，规范只是一个滞后于工程实践的经验总结，是约束管理混乱的工具，而不是约束技术进步的樊篱。正所谓相同的材料可以制出极不相同的佳肴和霓裳，规范中如果对技术细节规定得越细越死，就越会限制建筑业的发展，成为技术发展的瓶颈。可见，一个不与时俱进的、僵硬的规范，不利于新材料、新工艺、新技术的使用，阻碍了新事物的发展，也限制了建筑师对传统工艺中的精华的汲取，它无形中已成为当今中国不少建筑丧失民族化、地域化特色的帮凶。

3）技术管理机构的制约性（技术管理组织与技术规范的层级关系）

中国现行标准一般分为国家标准、行业标准、地方标准和企业标准四级[10]。另外，为了科学地反映标准之间的内在联系，又将标准进一步分成三层：第一层，基础标准；第二层，通用标准；第三层，专用标准。根据共性提升的原则，把下一层次中有共性的若干标准抽出来，作为一项单一的标准提升到上一层次，这样在下一层次中有关标准就可以直接引用这项标准，既减少了重复，又避免了各标准之间内容的相互矛盾。

[10] 杨瑾峰. 工程建设标准化实用知识问答 [M]. 北京：中国计划出版社，2002：57.
国家标准：对需要在全国范畴内统一的技术要求，所制定的标准。行业标准：对没有国家标准而又需要在全国某个行业范围内统一的技术要求所制定的标准。地方标准：对没有国家标准和行业标准而又需要在省、自治区、直辖市范围内统一的工业产品的安全、卫生要求所制定的标准。企业标准：企业生产的产品没有国家标准、行业标准和地方标准时所制定的标准。

由于长期受计划经济体制的影响，我国现行的工程建设标准管理体制始终没有摆脱过去几十年形成的传统模式，存在着管理机构职能交叉的问题，这就造成了标准内容交叉、重复、矛盾。例如梯段净宽规定有如下相关规范：《民用建筑设计通用规范》（GB 55031—2022）、《建筑与市政工程无障碍通用规范》（GB 55019—2021）、《建筑防火设计规范》（GB 50016—2014）、《建筑防火通用规范》（GB 55037—2022）、《建筑防火通用规范实施指南》等等。上述规范有关这项标准数量很多，定量指标很具体，还有详细的条文说明。无一例外附上：除执行这些建设标准外，尚应符合国家及地方现行有关标准。然而标准与标准之间条文存在数据冲突，不同规范有各自不同数据的版本，这让设计者无所适从。如《民用建筑设计通用规范》（GB 55031—2022）5.3.3 当公共建筑楼梯单侧有扶手时，梯段净宽应按墙体装饰面至扶手中心线的水平距离计算；当公共楼梯两侧有扶手时，梯段应按两侧扶手中心线之间的水平距离计算。《民用建筑设计通用规范》（GB55031—2022）全文强条，其专业性、权威性是毋庸置疑的。而在《建筑防火通用规范实施指南》中，关于楼梯净宽的认定原则被颠覆了。实施指南第295-297页中指出：当疏散楼梯有一侧为墙体、另一侧为扶手或栏杆时，应为完成墙面到栏杆或扶手内侧的最小水平净距。梯段净宽是参照扶手内侧还是按中心线执行，设计者认定就比较难办了。

正是这种技术管理体制直接导致了我国现行技术标准体系发展的种种不适，出现了层次不清、时效性滞后等问题。一方面，地方标准或各专业标准为追求自身的完整性而过多地引用上一层标准；另一方面，上一层标准不能及时地对新技术、新材料、新工法做出反应，不能全面地指导下一层标准的制订，造成上下层级标准之间发生矛盾。在下层标准中，有时对同一标准划分过细，造成多种标准共存；有时受技术发展的限制，有些标准数量很少，造成各类标准在量上比例失衡。

4）技术评价体制不健全（运行机制的评价）

作为一种技术活动的游戏规则，技术制度少不了建筑建成与使用后的评价。在建筑的整个生命周期中，评价与其他设计阶段一起呈现出这样一种顺序：策划—设计—建造—投入使用—评价，这是一条完整的链，首尾相连，循环往复。技术评价是技术制度实施和运行的重要一环，不仅指导和检验建筑实践，也为建筑市场提供制约和规范。它针对建筑所有者、设计者和使用者，通过定性和定量相结合的方法，以一定的程序对建成的建筑性能的优缺点进行评估，为技术的选择和检验提供衡量标尺。评估的内容一般包括3个方面：建筑性能、设计建造和运行管理，主要涉及评价界定、评价目的、评价范围、结构框架、操作指标、量化评分等问题。评估结果作为反馈的信息对未来的建筑设计，尤其是重复率比较高的普通建筑类型，如学校、住宅等会产生有益的影响，可提高建筑质量和投资效益，使建筑的所有者和使用者受益。

我国建筑技术评价体系的建设还处于初期的研究阶段，缺乏实践经验，许多相关的技术研究领域还是空白。目前，我国现有的评价体系主要集中于房屋的设计、建造与竣工等领域，对建筑使用后的评价很稀少，且形式上以"验"而不"评"居多。近年来，有关部门围绕建筑节约能源和减少污染颁布了一些单项技术法规，仍然是杯水车薪，没有从根本上建立起系统的有效的技术评价制度体系。没有足够的评判标准，或评判标准滞后，不仅容易出现监管真空、技术管理无章可循的状况；而且容易形成技术准入的门槛，阻碍新技术的发展，并不利于对传统技艺的传承。以建筑节能技术为例，我国已发布的专门用于建筑节能的标准有《民用建筑节能设计标准 (采暖居住建筑部分)》《夏热冬冷地区居住建筑节能设计标准》《夏热冬暖地区居住建筑节能设计标准》《采暖居住建筑节能检验标准》《公共建筑节能设计标准》等；相关标准有《建筑气候区划标准》《民用建筑热工设计规范》《既有采暖居住建筑节能改造技术规程》《外墙外保温工程技术规程》等；另外，《建筑节能工程施工验收规范》《居住建筑节能设计标准》的制定工作也已启动。但这些规范大多集中于规划设计、建造与验收领域，对建筑后期的说明与评价很有限。在实际生活中经常会出现这种现象，房地产公司销售节能住宅时，常挂在嘴边的一句话是"有一万个理由要做节能建筑，但没有一千个理由让消费者购买节能建筑"，表现出一些无奈。节能住宅运营费用的核算以及客观评价体系的缺失，使节能住宅产品和市场消费之间出现了一道隔膜。设计单位完成节能住宅方案后，由于对运行中节能状况进行测算的相关体系不完善而无法给甲方一个充分的解释，造成甲方不接受设计方案，这种现象时有出现。而消费者在购买房屋时，面对太多没有法规约束的指标，在认识上存有差距，在经济杠杆面前更是不敢轻易地拍板定夺。可见，对建筑进行评价不仅可以给开发商、设计者和建设者一个合理的证明，也可以给用户一个关于项目的公正公平的评判，而这种评判只有建立在一种有序的制度体系下才能彰显其威力。

5.2.3 国外现行建筑技术制度的现状分析

在认真分析了中国现行建筑技术制度的成就与不足后，以下将以横向对比的方法，仔细研究和分析一些具有代表性的欧美国家的建筑技术制度和 WTO《贸易技术壁垒》的有关规定，探讨国际建筑技术制度的总体发展趋势。

1）技术管理方面（即技术法规和技术标准）

（1）美国

在美国，任何一个组织（包括协会、学会、制造商等）都可以编制自认为有市场需求的技术标准、指南及手册，这些机构大多属于独立的非营利私有机构，不受任何机构和组织管理。这类标准建立在私人企业的竞争机制之上，在得到国家权威机构认可之前，实际上只是一种技术资料[11]。美国标准协会（ANSI）或其他权威性机构通过一定的程序（公告、征询各方面意见修改）将某一标准认可为国家标准（具有权威性，但仍为自愿采用的标准，这与我国的国家标准有本质区别）后，该标准才能被采纳成为某一方面或某一地区的标准。由协会制定颁布的标准在政府正式采纳前仅属模式标准（模式规范使用法律用语，其他技术标准不必采用法律用语），不具有法律效力。只有在联邦政府的某些州、县、市被认定或引用被认定的标准时，才能在其行政管辖区内具有法律效力，成为联邦政府或这些州、县、市政府的强制性标准，即当地的技术法规。

美国是一个联邦制国家，州、县、市政府有权自己决定采用哪些模式规范和如何采用模式规范作为本州、县、市的技术法规。作为本州内的技术法规，只对州政府以及本州内的单位和个人投资项目具有约束力。对于联邦政府的项目，无论建在哪个州，都可以不受所在州的任何标准的限制[12]。政府只有权颁布自己修改后的条款，所采纳的协会标准由使用者向协会购买，标准的版权归协会而不归政府所有。政府机构除采用协会标准外，还根据当地的情况制定有关建筑监管条例，并监督实施，即政府是技术法规的执行者。

另外，在国际建筑规范委员会（ICC）[13]以及其他一些机构中有专门进行建筑设计和设施评估的服务部门，它们主要解决标准执行中遇到的疑难问题以及新技术、新材料替代原有技术和材料是否具有等效性等问题，为政府标准官员审批设计项目提供了技术支持。由于这些评估机构具有权威性，政府机构一般都接受评估机构提供的评估报告。这些评估机构的评估工作有一套严密的工作程序以保证评估质量。

（2）英国

英国的技术标准均由英国标准化协会（The British Standards

[11] 杨瑾峰. 工程建设技术法规与技术标准体制研究 [D]. 哈尔滨：哈尔滨工业大学，2003：22.

[12] 沈纹，倪照鹏. 美国建筑标准体制和消防情况一瞥 [J]. 消防科学与技术，2000(1)：21-22.

[13] 杨瑾峰. 工程建设技术法规与技术标准体制研究 [D]. 哈尔滨：哈尔滨工业大学，2003：23. [美] 琳恩·伊丽莎白，卡莎德勒·亚当斯. 新乡土建筑——当代天然建造方法 [M]. 吴春苑，译. 北京：机械工业出版社，2005：18.

在建筑方面，美国历史上被认可的可以制定建筑规范的机构有三个：国际建筑官员与规范管理者联合会（ICBO）、国际建筑官员联合会（BOCA）、南方建筑规范国际联合会（SBCCI），都是非营利的民间组织，由其编制的建筑规范分别在美国不同的州被采用。为了在全国范围内取得一致性和连贯性，国际建筑规范委员会（ICC）于1994年成立，它的创立是为了促成一项单一的国家规范——国际规范（IBC）的产生。ICC模式规范每年修订一次（从2003年开始改为一年半），每三年出版新的版本。

Institution, BSI）组织编制、批准、发布。该组织成立于 1930 年，得到皇家许可制定英国标准（BS），属于民间独立的非营利组织。英国的标准没有强制性，均为自愿采用。这些标准或标准的部分条文只有被技术法规引用后，才能依附技术法规的强制性而具有相应的约束力。

在英国，建筑技术法规分为两部分，一是《英国建筑条例》，以法规条款的形式表现，其内容划分为建筑管理规定（如建筑许可、建筑监督、方案审查等）与建筑技术要求（即建筑工程必须达到的性能要求）。二是《建筑技术准则》，它是《英国建筑条例》技术要求的进一步延伸及细化，是在建筑条例的原则规定基础上给出的达到条例技术要求的方法与途径，除非有更先进的方法，并经过技术论证确认能满足条例的原则规定，否则必须执行该准则的要求。

建筑条例由政府建设主管部门草拟，经国会备案后由环境、交通与区域部部长批准颁布。建筑技术准则由政府部门组织编制、审查和批准。建筑技术法规的实施由地方政府负责。

（3）澳大利亚

澳大利亚的技术标准由澳大利亚标准协会（Standard Association of Australia）组织编制、批准和发布。该协会是澳大利亚标准化的管理机构，成立于 1922 年，1929 年成为非营利性联邦协会，现改为公司制管理，并改名为澳大利亚标准国际有限公司（Standards Australia International Limited），属于政府认可的非营利机构。习惯上人们仍将该组织称为澳大利亚标准协会。澳大利亚的标准制定以市场导向为基础，只要社会需要，有人愿意义务承担编制工作或有赞助就立项，并按协会的要求进行管理。其标准是自愿编制与自愿采用的。技术标准与建筑技术法规之间具有很强的依附性。在建筑技术法规产生之前，技术标准由地方政府或合约各方指定是否执行。在技术法规形成后，其方法性条款基本上是引用技术标准，被引用的全部或部分内容同时也具有强制性。

澳大利亚建筑技术法规（Building Code of Australia，简称 BCA），是澳大利亚全国房屋建筑与结构设计、施工所必须遵循的一套完整的技术法规。由于是联邦制国家，技术法规的强制性由各州的《建筑法》和《建筑条例》所赋予。

值得一提的是，澳大利亚建筑技术法规是由澳大利亚建筑标准委员会（ABCB）负责管理的，它既不是政府部门也不是企业，而是与各级政府、建筑业紧密合作的工作机构。由于澳大利亚的司法独立，技术法规的管理部门不对建筑技术法规的实施与否行使监督责任，也不负责对它的解释，更不负法律责任。BCA由各州、直辖区建筑部负责实施，由建设部门执法。具体的审图、监理和验收由政府或政府认可的有相应资质的机构或人员执行，以保证BCA的实施。

（4）日本

日本在古代深受中国的影响，到近代又吸收了英美等国的元素，逐步形成了自己独具特色的法律体系。日本法规分为四级，即法律、政令、省令和告示，它们逐级细化，到告示阶段细化成具体指标，且下位法不得超越上位法。日本的建筑技术法规也就是法律、政令、省令和告示之中所有建筑技术规定的总和。现行《建筑标准法》（日文《建筑基准法》，英文The Building Standard Law of JAPAN）由总则与制度规定、技术标准规定两大部分组成，技术标准中的单体建筑规定在全国统一执行，区域规划则在各地有所不同，技术规定是建筑活动中的最基本要求。作为技术要求的技术标准必须围绕技术法规的要求来编制，技术标准不一定被技术法规所采用。在《建筑标准法》《建筑标准法施行令》以及有关省令中一般不直接引用技术标准。

日本的技术标准及其认证的综合管理由经济产业技术环境局负责，日本工业标准（JIS）和日本农业标准（JAS）为国家标准。日本《工业化标准法》规定，建筑物、构筑物的通用事项由建筑大臣负责，技术标准均自愿采用。目前，建设大臣尚未签发过日本建筑技术标准，只在签发的告示中引用了部分JIS标准[14]。

2）技术要求方面（即处方式规范和性能化规范）

自20世纪80年代英国提出了"以性能为基础的设计方法"的概念以来，日本、澳大利亚、美国、加拿大、新西兰以及北欧等发达国家的政府先后投入了大量研究经费，积极地开展了性能化设计技术和方法的研究，南非、

[14] 在技术管理部分（英国、澳大利亚与日本）的叙述中，一些资料参照杨瑾峰. 工程建设技术法规与技术标准体制研究[D]. 哈尔滨：哈尔滨工业大学，2003：22-37。

埃及、巴西等发展中国家也都纷纷展开了这方面的研究工作。世界各国都在积极推行性能化设计方法，并取得了巨大成就[15]。

英国于 1985 年颁布了第一部性能化防火规范，包括防火规范的性能化修改，新规范规定"必须建造一座安全的建筑"，但没有详细规定应如何实现这一目标。

美国于 2001 年发布了《国际建筑性能规范》，标准编制的趋势是从规格型（处方型）逐步转向性能型，即目前的标准是告诉技术人员如何做，今后的标准要变成告诉技术人员标准的最终要求（使用功能）是什么，至于如何实现功能，技术人员可以发挥自己的创造性。

加拿大于 2001 年发布了性能化的建筑规范，其要求是以不同层次的目标形式表述的。其层次结构如下：（1）目标：预期达到的目的，是法规的核心。（2）功能陈述：根据目标而应具备的条件或状况的定性描述；功能陈述只规定必须达到的结果，而不规定如何达到此结果。（3）可接受方案：满足目标和功能陈述的一套最低的技术要求，包括性能要求。

澳大利亚 1994 年设置了澳大利亚建筑标准委员会（ABCB），ABCB于 1996 年制定了新的"性能规定型"的《澳大利亚建筑设计规范》[Building Code of Australia (BCA-96)]，逐步在各州采用，1998 年 1 月，8 个州全部都已采用。BCA-96 中制定了结构、防火等 8 个项目的具有强制力的性能标准。规范的层次结构为目标、功能陈述、性能要求、建筑方案。其中，目标与功能陈述称为指导层，必须遵照执行，还能帮助使用者深入理解法规的内涵；符合指导层规定的性能要求和建筑方案称为实施层，其中给出了操作性的规定。这四个层次都属于强制性的技术要求。

日本政府于 1998 年 6 月对《建筑基准法》进行了修订，引入了一些有关性能化设计的内容，并于 2000 年 6 月施行。它改变了以"尺寸限制、构造要求、材料性能、设备型号"等为对象的状况，而是以人为本，以房屋的整体使用功能为主线重新构筑新的技术内容与管理手段。例如，以前的建筑基准规定屋顶要采用不燃材料，但新的基准规定只要屋顶火焰蔓延试验和屋顶烧毁试验合格，就可采用不燃材料以外的材料。这样，今后便

[15] 建筑部标准定额司课题研究组. 国外建筑技术法规与技术标准体制的研究. [J]. 工程勘察，2004，32(1)：7-10.

可采用一些非不燃材料（如太阳能电池）作屋面。

3）建筑技术的市场准入制度方面（WTO 合格评定程序）

随着贸易的国际化，协调国与国之间贸易规则的世界贸易组织（WTO）应运而生，它在一定领域内制定一系列规则，规范各成员在这一领域的行为。为了消除贸易技术壁垒，WTO 制定了《技术性贸易壁垒协议》（《TBT 协议》），将技术标准、技术法规和合格评定作为三大技术贸易壁垒。其中，合格评定程序概念的提出，尤其体现了 WTO 全球贸易一体化的宗旨，有效规范了各国在进口环节上的各种技术措施，最大限度地消除了技术贸易壁垒的影响，有利于国际贸易。合格评定程序必须符合非歧视性原则、协调原则，遵守透明度原则。作为用来直接或间接确定是否符合技术法规或标准相应要求的程序，它没有独立存在的形式，而是一个依附于技术法规、标准的概念，它既可以是强制性的，也可以是自愿性的，这取决于其出现的形式，以技术法规形式出现的合格评定程序就是强制性的，以标准形式出现的合格评定程序就是自愿性的。WTO 规则的实质是约束各成员方政府按照市场经济的运行规则履行职能，为市场活动行为人创造一个公平竞争的市场环境。这要求各国在制定本国的建筑技术制度时，必须考虑到国际惯例（如技术法规为强制性的，技术标准为自愿性的），以便与国际接轨。

鉴于此，我国建设行政主管部门要转变政府职能，建立一个符合市场经济要求、符合 WTO 准则的政府管理体制。一方面，应积极熟悉 WTO 争端解决机制的基本规则，了解和灵活运用该协议的有关内容。在对外贸易中，针对他国某些不合理、具有明显歧视性的 TBT 措施，能及时诉诸 WTO 争端解决机制，充分利用协议的有关条款维护本国的正当利益，寻求问题的妥善解决。另一方面，积极参与国际标准规范的合作与交流活动，积极参与国际标准和规范的制定工作，为进入国际建筑市场作准备，使中国建筑业在国际市场的竞争中占据主导、有利地位。结合自己的实际情况，制定有利于国家发展的技术法规与标准体系。

4）建筑技术的评价制度（技术的衡量标尺）

作为一个复杂的系统工程，建筑工程的实施和运行离不开建筑技术的支撑，在实践过程中迫切需要建立一个技术的评价系统，用来检测与衡量技术选择和应用的效果，形成一定的社会共识；同时，技术评价系统又是设计的工具，用以指导建筑技术的再实践。世界一些发达国家针对不同的建筑类型、技术方向，如环境的保护、节能、绿色建筑等，相继推出了各自不同的建筑技术评价方法。各国的评价体系都有明确的分类和组织体系将指导目标和评价标准联系起来，还有一定数目的可供分析的定性和定量参数。这些技术评价制度的某些理念值得我们借鉴，以绿色建筑评价体系[16][17][18]为例：

（1）美国能源及环境设计先导计划（LEED）

这是美国绿色建筑委员会（USGBC）为了满足美国建筑市场对绿色建筑评定的需求而制定的一套评定标准。它从 5 方面对建筑项目进行绿色评估：选择可持续发展的建筑场地、节水、能源与大气环境、材料与资源、室内环境质量。USGBC 在每一方面都提出了前提要求、目的和相关的技术指导。每一方面又包含了若干个具体得分点。按照所有方面得分点的要求，评出建筑项目的得分。根据最后得分的高低，建筑项目可由低到高分为 LEED 2.0 认证通过、银质认证、金质认证、铂金认证 4 个类型。

（2）英国建筑研究组织环境评价法（BREEAM）

英国建筑研究组织环境评价法是由英国建筑研究组织——建筑研究院（BRE）和一些私人部门的研究者在 1990 年共同制定的，为绿色建筑实践提供了权威性的指导，以期减少建筑对全球和地区环境的负面影响。它是为建筑所有者、设计者和使用者提供的评价体系，以评判建筑在整个寿命周期中（包含选址、设计、施工、使用直至最终报废拆除）的环境性能，通过对一系列的环境问题（包括建筑对全球、区域、场地和室内环境的影响）进行评价，BREEAM 最终给予建筑环境标志认证。评估内容包括 3 个方面：建筑性能、设计建造和运行管理。评价条目包括 9 方面：管理、健康和舒适、能源、运输、水、原材料、土地使用、地区生态、污染。它分别从建筑性能、设计与建造、管理与运行 3 个方面评价建筑，满足一定的要求建筑即可得到相应的分数。评价结果分为 4 个等级（合格、良好、优良、优异），每个等级还有最低限分值。

（3）加拿大自然资源部绿色建筑挑战 2000（GBC 2000）

绿色建筑挑战标准是由加拿大自然资源部发起并领导，至 2000 年 10 月有 19 个国家参与制定。GBC 2000 评估范围包括新建和改建翻新建筑，

[16] 美国绿色建筑委员会. 绿色建筑评估体系. [M]. 彭梦月, 译. 2 版. 北京：中国建筑工业出版社, 2002.

[17] 李路明. 国外绿色建筑评价体系略览 [J]. 世界建筑, 2002(5)：68–70.

[18] 王竹, 贺勇, 魏秦, 等. 关于绿色建筑的思考 [J]. 浙江大学学报（工学版）, 2002, 36(6)：659–663.

评估目的是对建筑在设计及完工后的环境性能予以评价，评价标准共分 8 个部分：环境的可持续发展指标、资源消耗、环境负荷、室内空气质量、可维护性、经济性、运行管理、术语表。GBC 2000 采用定性和定量相结合的方法，其评价操作系统称为 GBTool，这是一套可以被调整适合不同国家、地区和建筑类型特征的软件系统。GBTool 也采用评分制。

5.2.4 建筑技术制度纵横向之间的比较（表 5-3）

	我国传统的 建筑技术制度	我国现行的 建筑技术制度	国际现行的 建筑技术制度惯例
天然的技术规范 · 规范意识 · 口头准则 · 成文准则	· 应用于广大民间建筑 · 经验型准则 · 是形成建筑多样化的动力之一，是地域、民族特色建筑的技术基础	· 应用于少数边远及农村地区，范围较小 · 无相应的认可规范，受正规规范的制约，面临消失的危险 · 有待整理，使之理性化	· 应用范围较小 · 一些国家利用性能法规，有少许补充，但认可程序较烦琐 · 着手整理，以便形成标准
有组织的技术规范 · 标准 · 法规	· 经验型准则 · 主要存在形式为官方颁布的法令、则例，其应用对象主要为官式建筑 · 技术管理为主，技术要求为辅	· 理性型准则 · 标准、法规以官方制定政府执行为主；其管理、执行等主要由政府包办，政府是规范的投资方、管理方、监督方，原则上，它应用于所有建筑 · 强制性与推荐性标准相结合的体制，标准一经发布就是技术法规 · 处方式规范	· 标准以民间机构制定为主，属于自愿性的，量多，被法规引用后具有法律属性。法规由官方制定或认可；由法律或政府授权、认可的公认的标准化机构（或者由市场）进行管理与监督；由政府执行 · 技术法规与技术标准体制 · 性能化规范

注：
1. 我国传统的建筑技术制度呈现出同一技术制度双向演化趋势，即官式与民间的技术制度的双向演化，官式建筑达到它的最高峰，如北京故宫；民间建筑也在演化过程中形成了多样性化的地域特色，如徽州民居。
2. 现行的建筑制度适用于所有建筑，大多数由政府或政府认可的机构管理与执行，基本上以单向发展为主，民间的（天然的）建筑技术制度的发展亟待提升。
3. 国内技术制度官方包办较多，灵活性不够。国外技术制度市场化运作较多，有一定的灵活性。
4. 技术要求以性能为基础，性能要求修改的频率比较小，具有较好的稳定性。

表 5-3　建筑技术制度纵横向之间的比较

5.2.5 小结

作为技术活动的游戏规则，建筑技术制度是建筑师在设计过程中所必须遵循的法则。在规则的制约下，建筑师不能躲在世外桃源中进行"纯净"的设计，必须面对规则，寻求人与规则的互动，而不能让规则成为人的桎梏。时代呼唤新的技术制度模型，对建筑师来说，它意味着技术理念的再一次更新。

5.3 新技术制度的构思及发展策略

5.3.1 新技术制度模式的构思

（1）体制
技术法规与技术标准体制

（2）内容
① 技术管理：行政管理与市场调节相结合。

② 技术要求：性能化规范为主、处方式规范为辅。
（3）层次构架（图 5-1）

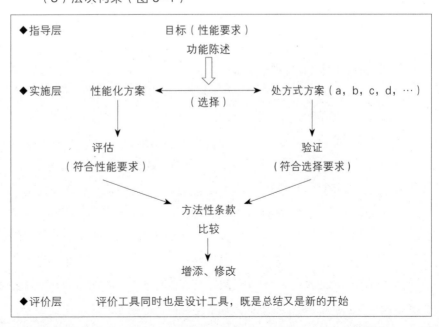

图 5-1 技术制度模式构架

5.3.2 技术制度发展的策略

1）树立传承与转换的发展思路

技术制度是技术活动能否顺利进行的保证，我国传统技术制度体系是古代建筑取得成就的重要保证。我国历史上出现了很多优美的建筑，但与之对应的技术制度的记述很少。大多数记述不是在专门的著作中，而需要在浩如烟海的古籍中去发掘。即使一些公认的专门著作，如宋朝的《营造法式》，在很大程度上像是一些操作规程，但技术制度仍以隐性描述为主，有待后人去发掘和阐述。而正是这些隐性技术制度保证了传统建筑技术的传承与发展，使中国古代建筑独树一帜，傲立于世界建筑之林。自近现代以来，我国抛弃了这些传统，一直以借鉴、引用他国"先进的"的技术制度体系为主，其结果是技术制度的发展相对滞后，现代技术的整体水平不高。反观我国周边的许多国家，如印度、日本等，它们根据本国的现实情况，理性地分析与思考了本民族与地域的建筑，发展了有自身特色的建筑理论与技术制度体系，使其现代建筑跻身于世界先进建筑之林。可见，机械地运用他人的规则来约束自己，自己活动的自由与特色则无从谈起。

因此，我们需要对传统技术制度进行反思，将传统技术制度的隐性理论显性化，去其糟粕，取其精华。一方面借鉴与传承优秀的传统，另一方面分析清楚某些问题，避免重蹈覆辙。在此基础上，对西方先进的建筑技术制度进行有选择地取舍与转换，最终建立起具有中国特色的技术制度体系。

2）促进技术制度的法制化建设

与国外相比，中国现代的建筑技术制度起步较晚，对建筑技术的规定以部门条例、规章制度、技术标准等为主。以节能为例，中国建筑业协会建筑节能专家委员会会长、首席专家涂逢祥曾指出，与国外相比，我国建筑的节能标准起步较晚，没有和《建筑法》《节约能源法》相配套的《建筑节能法》或《建筑节能管理条例》，仅有一些部门条例，如《民用建筑节能管理规定》，由于缺少法律约束和强有力的执法机制，远远不能满足建筑节能工作的需要 [19]。在建筑的设计、营造、运行与维护过程中，各层面造成的能源浪费或多或少都与制度的缺失有关。加强技术制度的立法，就为技术活动做出了法律保证。正如北京大学经济学院教授蔡志洲所言，要想真正做到节能，关键是要从完善制度入手，让所有人都为自己消耗的能源付费。

[19] 资源浪费根在制度缺失
[N]. 经济参考报（2005年07月
14日）.

加入 WTO 后，我国建筑行业又面临着与 WTO 成员国，尤其是西方发达国家的竞争，这种竞争必须遵循 WTO 协议所确定的基本原则，这必将对我国现行建筑技术制度产生重大影响。因此，我国必须要加强技术制度的法制化建设，加大采用国际标准和国外先进标准的力度，积极参加国际标准化组织或有关区域性标准化组织的活动，通过"走出去，请进来"，了解、跟踪一些发达或较发达国家的技术体制，为我国制定技术法规和技术标准提供信息。同时，我国要根据自然环境、地理因素和经济条件的特点，结合工程建设的实际要求，制定出既符合国情，又能反映当代先进技术的规范体制，这样才能使建筑技术制度得到良好的发展，并在国际技术交流中处于主动地位。

3）积极制定适合本国国情的建筑技术规范体系

目前，我国应积极制定适合本国国情的技术标准，来保护本国的建筑行业，否则，一旦技术标准任由外国垄断，中国建筑技术的自主发展权就会受到极大限制和致命打击。同时，积极制定具有中国特色的技术规范体系，还有利于保护我国的传统建筑技术，为借鉴与传承建筑的民族与地区特色提供技术保障。

譬如，受资质的困扰，我国的民间技艺一直缺少制度保证。许多代代相传的能工巧匠都是不识字的农民，所有的技艺都在"把墨师父"的脑子里。他们由于没有职称，被排除在建筑招标市场之外，许多传统技艺也因没有相应标准的认可而濒临失传。在这种情况下，国家可以深入民间，由相关的部门、企业准确挖掘传统技艺的理念精神，总结成相关标准，然后由政府接纳成为国家标准，这样提出的标准能保证其科学性，使标准更符合要求。地域性建筑技术也存在类似情况，如草砖房、土坯房等公认的、自然的乡土建筑，因为缺少相应的技术规范，在实践中受到了很大程度的限制，这又进一步阻碍了这些技术的传承与创新。

5.3.3 应对措施

1）技术管理：建立技术法规与技术标准相结合的技术管理体制

目前，我国应加快制订工程建设行业领域的技术法规与标准，改造与完善我国建筑工程强制性条文的内容，并将强制性条文之外的其他强制性标准与推荐性标准逐步转化为国际上通行的自愿采用的标准，最终形成技术法规与技术标准相结合的技术管理体制。最近，设计界广为关注的《民用建筑通用规范》（GB 55031—2022）、《建筑防火通用规范》（GB 55037—2022）、《建筑与市政工程无障碍通用规范》（GB 55019—2021）、《住宅设计规范》（GB 55096—2022）等强制性项目规范与强制性通用性规范正体现了这一趋势。以《住宅设计规范》为例，规范以住宅项目为一个完整的对象，从住宅的性能、功能和目标等基本技术要求出发，强制推行严格的节能、节材、节水标准。同时它围绕安全、健康、环境保护、节约能源和合理利用资源等公共利益的要求，在现有强制性条文和现行有关标准的基础上，提出了对住宅建筑的强制性要求，体现了与国外技术法规趋同的特点。

在技术规范的管理机构方面，我国需要根据市场经济与建筑技术发展的需要，改革技术规范的管理机构，避免因交叉管理导致不同行业规范的冲突。技术规范体系应按专业建立，不涉及行业管理问题，尽量不再区分国家与行业标准，以便于实际操作。如目前有关部门正尝试修改或颁布一些新的标准、规范来净化市场，但效果如何还有待考察。

在技术法规与标准的制定机构方面，发达国家的技术标准大多是以协会、学会制定为主，且为自愿采用的标准，编制标准的经费主要来自出版、培训、会费等；而我国的技术标准是由国家、各部门组织制定，且大多是强制性标准，国家只补助小部分经费，大部分经费由主编单位承担，资金运作未形成良性循环。对此，我国应按市场经济的要求，形成标准的立项、制定、发布、出版发行，标准的复审、修订或局部修订，以及标准的实施与监督等方面的良性循环。解决好标准的时效滞后问题，建立与时俱进的技术体制。对于一些带有科研性的技术标准，国家应通过政策的倾斜，给予资金的扶持，并通过特定的激励机制以提高我国整体的技术标准质量。

2）技术要求：建设具有中国特色的性能化技术规范体系

国外先进的技术规范条文简单，说明详细，条文只对一些重大技术问题做出原则性的规定，定量的技术指标不多，体现了外国对建筑实践的技术和文化层面的思考和研究。然而，我国国情不同，如建筑技术发展的整体水平不高、技术力量分布不均等，我们应根据实际情况，加快建立具有中国特色的性能化技术规范体系，而不能照搬国外各种所谓的先进模式。

譬如，在我国一些欠发达地区，处方式技术规范仍是首选的方法，只有处理比较复杂的案例，特别是用处方式技术规范无法满足安全、经济或合理性等要求的时候，再采用性能化技术规范来帮助设计者优化设计，即处方式技术规范往往解决普遍性问题，性能化技术规范解决个案问题。

值得一提的是，在积极推进技术规范理性化的过程中，不能忽视传统的经验型准则。譬如，一些理性化的技术法规对新出现的结构系统的发展是必要的，特别是对于高层或大跨度建筑。但大多数经验型准则仍可以适用于不少建筑，如农村的自建房（以民间工艺为主的建造方式），如果用严格的科学方法分析这些建筑，最终得出的"理性值"也许与传统的"经验值"大体相同。

3）市场准入：建立符合 WTO 规则的中国标准

制定适合本国国情的建筑技术标准，确保国际标准的制定对我国建筑技术的交流不会造成障碍。过去，我国最常用的手段是对国外设计行业设置门槛，用以保护自己的建设行业。在加入 WTO 后[20]，我国就不能再使用这一手段了。要想保护本国的建设行业，就必须找出一个既符合WTO 的规则，又由国家掌握的新措施，最有效的就是制订中国的国家标准。制定国家标准须明确此标准适用于中国境内，属于国家主权范围内的事务，这样才能保护我国的传统工艺、民族与地方技术、自主研发技术等。同时，须促使中国的国家标准被国外技术体制认可、采纳，这有利于保护我国的建筑设计、施工、管理等单位和个人的利益，促进建筑技术的双向交流。

4）技术评价：完善技术的评估与标识制度，推进经济激励政策的实施

目前，一些设计非常好的能量节余型住宅，因为价格昂贵，卖得并不好；那些根据仿生学原理设计的具有气候适应性的建筑表皮也并没有大量推广。可见，在市场经济中，仅靠道德和良知似乎并不足以约束人们的行为[21]。造成这种状况的最大原因之一就是缺乏经济激励政策，没能运用价值规律作为节能的载体。因此，我国需要加紧研究各项激励政策，采取限制性政策和鼓励性政策并举的方式，将个体意识与法规相结合，促进技术优化发展。

[20] 为促进新技术、新材料、新制品的贸易，1995 年 1 月成立的 WTO（世界贸易组织）的参加国都签订了 TBT 协定（有关贸易的技术障碍的协定），协定规定：中央政府机关在制定强制性法规和相应评价制度时，①不得立案和制定会给国际贸易带来不必要的障碍的法规、标准、制度；②在制定法规、标准、制度时，要以国际标准和国际标准化机构（如国际标准化组织 ISO、国际电工委员会 IEC）制定的指导方针和建议为基础。该协定促进了各国的建筑基准向"性能规定型"基准转变。

[21] 李保峰 ."生态建筑"的思与行——托马斯·赫尔佐格教授访谈 [J]. 新建筑, 2001(5):35-28.

其一，完善技术的评估与标识（认证）制度，控制建筑设计、建造以及运行的质量。评价体系提供可考核的方法、定额和框架，便于政府制定相关的政策和规范。而且，评价的数据和方法必须向公众公开，任何人都可以了解使用，真正实现政府、建造商、设计者和购买者之间的互动。在对技术进行界定与评估之后，按照不同的等级进行标识认定，进而引导和鼓励消费者今后购买具有标识的建筑（如节能建筑认证证书）。譬如，德国的新法规规定，新建建筑只有满足新的节能标准才能上马。消费者在购买住宅时，建筑开发商必须出具一份能源消耗证明，清楚地列出该住宅每年的能耗，这样就提高了建筑的能源透明度，维护了消费者的利益。当然，这些评价体系同时也应是设计工具，它给设计师提供了一个全面客观的评价参照，建筑师应思考如何按照评价标准运用自己掌握的专业知识为客户成本节约。

其二，采取限制性政策和鼓励性政策并举的方式，引导今后建筑技术的发展方向。譬如，针对节能设计标准执行率较低的现状，政府应会同有关部门开展建筑节能专项检查，凡达不到建筑节能设计标准的，今后必须受到政策限制。限制的方式有如下几种：第一，征税；第二，通过行政许可手段不允许未达标的建筑投入使用；第三，对于超过国家标准的节能建筑，国家将予以减税，或给予贷款贴息、国家直接补贴等。通过这些激励方式，鼓励低能耗、超低能耗以及绿色建筑的发展，以引导今后建筑的发展方向。另外，建立能源级差的价格制度，如实施峰谷分时用电，对超额用电建筑实行差别定价，这样一来，好房子的价值就得以体现——它大大降低了后期的使用费。

其三，建立建筑技术评价制度是一个高度复杂的系统工程，不易量化，特别是针对许多社会和文化因素难以确定评价指标。一些提炼出来的评价因素有些简单化，存在局限性。而且评价得出的各指标的相对权重系数（即可以量化的指标对其评分的分值占总分值的比例）与其对建筑的影响是否相符，也存在着很多人为因素，由此得来的结果需要进行审慎地采纳与推敲。因此，目前尚在测试技术评价体系是应采取立法强制执行，还是市场机能诱导推动，这需要倾听各方面的意见，具体方式还有待商榷。在全面实施之前，还需要建立必要的配套体系，如人力及专业人才培育体系等，作为政策成功执行的保证。至于测算机构的选定、测试费用的承担、如何运用技术的评价制度来提高改善建筑性能以及评价的约束机制等问题还有待进一步研究。

5.4 案例解析

5.4.1 技术管理——以现行各类中小学校建筑技术规范的制定与实施为例

1）现状

同级技术管理机构的职能范围出现部分交叉，上下技术管理机构的职能又存在着层次不清、时效性滞后等问题，这就造成了我国多类建筑技术标准共存，内容交叉、重复，甚至矛盾，但又必须强制执行。我国各类中小学校建筑技术规范就是此类典型，本书以此来分析现行的技术制度有很强的现实意义和参考价值。

《城市普通中小学校校舍建设标准》（2002）根据国家计委〔1989〕30 号和建设部、计委 [90] 建标字第 519 号的要求，由教育部制订，自 2002 年 7 月 1 日起实施。《中小学校建筑设计规范》（GB50099—2011）根据住房和城乡建设部建标 [2008]102 号的要求，由北京市建筑设计研究院和天津市建筑设计研究院会同有关单位在《中小学校建筑设计规范》（GBJ99—86）的基础上修订完成，自 2012 年 1 月 1 日起实施。两部标准作为现阶段中小学建设的指导性规范，现在各地部门普遍仍在执行。由于受当时教学模式、政治与经济等因素的影响，它带有明显的时代烙印。之后，国家又陆续出台了一些相关规范作为补充与完善，各省市也编制出许多带有地方性质的建设标准（表 5-4、表 5-5）。

表 5-4 普遍中小学校园用地指标表（单位：m²）

用地面积	18 班 900 人			24 班 1 200 人			30 班 1 500 人			36 班 1 800 人		
	国家	江苏	南京	国家	江苏	南京	国家	江苏	南京	国家	江苏	南京
总占地	15 518	21 553		18 147	27 245		22 483 31 664	33 508			43 709	
每生占地	17.24	22.95		15.12	22.7	22.7 15.12 10.80	14.99	22.34	2.34 14.99 10.10		24.28	24.28 17.59 11.50

建筑面积	18班 900人			24班 1200人			30班 1500人			36班 1800人		
	国家	江苏	南京	国家	江苏	南京	国家	江苏	南京	国家	江苏	南京
总使用	4 802 4 964	6 068		5 844 6 060	7 301	6 523 5 415 4 226	7 708 7 978	9 118	9 222 6 592 5 095		10 171	10 311 7 302 5 626
每生使用	5.34 5.52	6.74		4.87 5.05	6.08		5.14 5.32	6.08			5.65	
总建筑		9 031			10 930	11 018 8 185 6 605		14 952	13 867 9 926 7 949		15 317	15 541 11 105 8 841
每生建筑	8.9 9.2	10.03		8.12 8.42	9.11	9.18 6.82 5.50	8.57 8.86	9.97	9.24 6.62 5.30		8.51	8.63 6.17 4.91

注：南京市办学指标中不包括学生宿舍和勤工俭学用房面积，包括选配用房面积。

（1）问题 1

各层级标准的制定依据不足。以江苏为例。笔者从总用地面积、每生用地面积、总建筑面积、每生建筑面积、总使用面积、每生使用面积等指标，对国家、江苏省、南京市城市中小学办学标准进行三方比较得出，江苏省的办学标准基本是在国标基础上提高了 10%~15%（据江苏省教育厅有关编制人员解释，基于教学功能及教学计划，适应苏南相对发达地区发展教育的需求，实现科教兴省战略，制订省标时将编制标准高出国标 10%~15% 左右。但制定所参考的数据都是多年前调研的，且早先编制的大部分资料已散失，而现行标准的制订基本上没有调查研究资料作参考）。南京市的办学标准则主要分为三级：一级基本与省级持平，二级与国标持平，三级则稍低（笔者经考察得知，编制此标准的人早已退休，现行标准无法找到真正的依据）。这些地方办学标准具有一个显著特点，即以 GBJ99—86 为基准上下浮动，以 GBJ99—86 为定量再乘以一个可变系数，尽管深知 GBJ99—86 已经滞后（教育部基建中心的负责人也坦言，GBJ99—86 早已过时，它是穷国办大教育环境下的产物；而且我国幅员广阔，地区情况各异，全国性规范的编制有难度，只能在探索中编制，在实际执行情况反馈后不断修改），但地方采取的办法只不过是将旧标准加以放大。更可怕的问题是，地方规范与作为地方规范源头的国家规范是否合理还不得而知，其中还有相当多的条文尚值得商榷。在这种背景下，不少设计人员却把这些规则当作"金科玉律"设计着大量的校舍。

表 5-5　普通中小学校舍建筑面积指标表（单位：m^2）

（2）问题 2

现行标准导致学校建筑设计程序化。为了满足教学的需求，教育建筑的形式必须符合现行的教育模式，学校建筑标准的制定也应以此为前提。根据现行的班级授课制，以班级为设计的基点，形成了现在我们熟悉的教育建筑的样板形式（图 5-2）。过去有一段时间中小学建设曾在质与量上几乎完全参照中小学建设标准去规划学校建筑空间，其理念及实际操作大致如下：先根据生源总数，按每班所能容纳的人数预估学校的规模，即班数（轨数）；再由班数确定学校占地面积及总建筑面积；进而根据班数确定普通教室、专科教室、行政、服务于教学等用途的空间数量及面积……这一切都程序化了。假使时间不再流逝，技术不再革新，教育模式不必改进，也许上述传统的学校建筑理念仍可沿用，又会涌现出一大批孪生校舍（园）来。然而，随着社会的变迁，这种传统的教育建筑设计标准带来的种种问题日益显现。导致学校建筑设计程序化的最直接的原因就是建筑标准的僵化，标准所追求的目标与实现的手段之间发生了混淆。目标一定时，手段可多样，在一定时期特定的手段可以达到预期的目标。但随着时间的流逝，它不可能总是有效的，甚至会产生副作用；而基于这种手段的标准在时效上也会相应滞后，这显然欠妥。

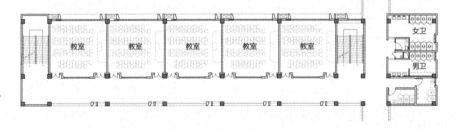

图 5-2 以班为参数的校舍设计

（3）问题 3

标准的制定与实施之间存在强烈反差。在不少地区，一些新建、改扩建的中小学校规模越来越大，总用地面积与校舍总建筑面积已远远超出国标，呈现出无序化扩张状态。而且，由于新教学模式的实施，新建学校建筑的各功能分区的面积与比例发生了巨大变化，尤其是附属设施的比例明显增大，这也远远超出了现行国家标准所设定的标准线。但是，在一些贫困地区，不少学校建筑仍显得非常简朴，甚至可以说是寒碜，如在一棵大树上挂一块黑板就是"校园"。这就需要国标设有最低标准以保障学生的学习权利。由此可见，现行建筑技术制度存在着相当大的问题，它不但不能正确引导中小学建设向规范化发展，还可能带来新一轮校舍建设的浪费。为了解决这一问题，教育部会同建设部与国家计划发展委员会在2002年又颁布了《城市普通中小学校校舍建设标准》，但1986年的老标准并没有废止仍在继续执行。事实上，新老标准的并行不但没有解决原先的老问题，反而还造成了更多的新问题。

2）应对措施

（1）理顺标准的层级关系，确立技术法规与技术标准体制。在制定学校建筑技术法规时，要提出必须满足的指标（强制性的），确立保障最低教学要求的最低标准；同时还应提出指导性的标准（自愿选择的），以供有条件的学校参考，采取多种形式的政策与市场调节措施来控制学校的规模，避免教育资源浪费。2002年出台的《城市普通中小学校校舍建设标准》虽然提出了基本指标与规划指标，但仍是强制性标准与推荐性标准相混杂，在实践中较难执行。

（2）技术要求的性能化。以性能为基础的技术要求，修改性能要求的频率比较小，具有较好的稳定性。在这种性能要求基础上制定的教育建筑规范也具有一定的稳定性，即只要达到教育的目标，其手段可多样化。根据一定的目标要求制定相应的技术规范，以适应教学的多样化。这在校舍建设上的体现就是空间功能的转变，弱化班的概念，强调多样化的个性发展空间，控制学校建筑空间的功能分区面积比例，折射到新规范、新办学标准上就是对空间功能及尺度的总体把握，抓大放小（图5-3、图5-4、图5-5）。

图5-3 以性能为目标的教学空间的组合

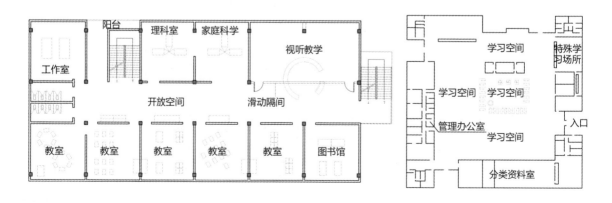

图 5-4 中国台湾南投县集集国小教学楼北侧外观及北侧走廊（疏散走廊）

图 5-5 中国台湾南投县集集国小教学楼南侧外观及南侧走廊（生活走廊）

注：教学楼的双走廊空间既是教学空间的延续，又是技术要求所需，如高纬度下的遮阳、通风、安全等。

5.4.2 技术要求——以住宅的日照与退让为例

住宅的日照与退让是一般建筑设计过程中不可回避的技术问题之一，以此来分析技术制度具有一定的代表性。

1）现状

《民用建筑设计通则》（JGJ37—87）第 3.1.3 条涉及住宅日照标准，具体规定：住宅应每户至少有一个居室、宿舍应每层至少有半数以上的居室能获得冬至日满窗日照不少于 1h（小时）。据此地方各部门又出台了相关技术措施，其中在规划文件、招标文件等细则里常见的日照退让说明最为典型。如《南京市城市规划条例实施细则》（1998）第三十六条规定：位于生活居住建筑南面且平行布置的新建多层建筑，建筑朝向为南偏东或者南偏西 0° 至 30° 的，建筑间距系数在旧区不得小于 1.0，新区不得小于 1.2……依据上述规定计算间距小于 15 米的，按 15 米执行。这些退让说明被业内不少人士戏称为"十年不变"的大计,万不得已不能触及。否则,按目前的地方标准,想通过日照分析来说明间距的合理性仍面临着相当烦琐的程序与手续(根源在于标准中目的与手段相混杂),且报批周期长。另外,相当多的设计人员对"冬至日满窗日照不少于1h"中的"1h"的来源及合理性缺乏了解,更别提去说服其他人了。

我国现阶段实行的是强制性与推荐性相结合的工程建设标准体制,标准一经批准发布即是技术法规。因此,建筑师在住宅日照设计的技术处理上,必须遵循上述国家与地方的标准。但这些标准不少是目标与手段的大杂烩,一方面,规则太严"窒息"了设计创意;另一方面,管理僵化"逼出"了不少违章建筑。

2)新模式的构想

(1)技术法规与技术标准的界定

根据性能的要求,可以将"住宅应每户至少有一个居室、宿舍应每层至少有半数以上的居室能获得冬至日满窗日照不少于1h"定为目标,上升到技术法规的层次,在设计过程中必须严格执行,以此保障人身的健康和安全;而将其他相关的技术措施(如退让间距等)下降为可供选择的、无制约性的标准。另外,还可以将之演化为多种可供选择的处方式菜单,严格采用此规定必能满足性能的需求。简而言之,只要达到"1h"的目标,设计手段可任选。

(2)操作层次的建构

目标:冬至日满窗日照不少于1h(性能的要求)

手段:选择1　处方式方案

处方式条款(①、②、③……)

如,执行各种退让标准,必须验证是否得到执行。

选择一种成熟的措施,一旦选择必须严格执行。

选择2　性能化方案:以徐州云龙电影院地块商住楼可行性研究为例(图5-6、图5-7、图5-8)

采用日照分析的方法以达到"1h"的目标

如,计算机的模拟分析,结果能否达到目标的最低要求,必须通过鉴定。

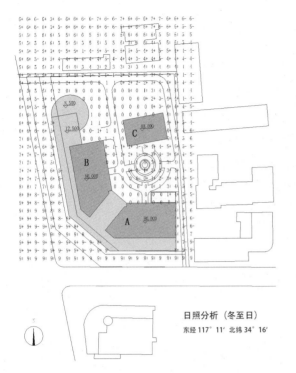

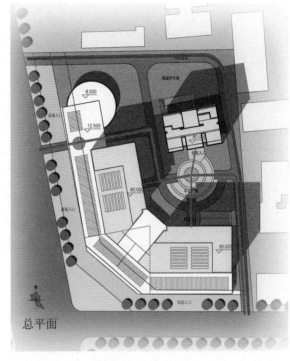

日照分析（冬至日）

东经 117°11′ 北纬 34°16′

总平面

图 5-6（左） 计算机模拟
日照分析

图 5-7（右） 总平面图

图 5-8 体块推敲与生成

计算机软件的认可、认证机构的认可、政府的激励措施……

有利于有限资源（如土地资源、太阳能、风能等）的充分利用，需要简化认证程序，以提高综合效益。

可以与处方式条款做对比，一部分可形成新的处方式条款以供选择。

5.4.3 民族或地域建筑的传承与创新——以泥土建筑为例

1）发展现状

泥土建筑并不是现代的产物，人们称之为既原始又高效、既传统又现代的建筑。泥土建筑早在原始社会就被人们广泛应用，当时由于缺乏其他建材，建造的房屋大多是小型承重型建筑。随着材料技术与经济的发展，泥土建筑在许多地方不再使用了。20 世纪 80 年代以来，保护环境及节能的需求日益高涨，这促使泥土建筑热潮在全球再度兴起，并在发达国家大量推广应用。其原因是泥土建筑能效高，且对环境无消极影响。与国外相比，泥土建筑在中国却很少受到人们的关注，这是因为有太多的高新技术领域需要去关注，许多高新技术能取得立竿见影的效果，那些属于主流材料之外的"劣质材料"没有必要去关注，所以很少有协会或政府部门为泥土建筑的可靠性研究和证明提供人力与财力。在中国目前运用这些材料的大多不是专业的建筑师和工程师,在实验建筑师的作品中偶尔可以看到这种早已存在的"实验"。其实,这种情况的出现,在很大程度上应归根于我国现行建筑规范没有制订泥土建筑的专业规范、规程,如没有制定泥土墙防火等级。有谁愿意做这些吃力不讨好的设计呢?即使建筑设计通过了施工图的审查,接下来施工单位又面临着各种规程的限制与认可,或拿到了建造证,又难通过银行贷款审核,再随后是房产、土地部门对其寿命期、合理性等规范条件的审查(没有相关条例可资参考)。经过诸如此类的限制、认可、审查,有谁愿意去做呢?当前只有实验建筑师们才敢尝试一下,但其作品也只是停留在实验阶段,难以得到广泛推广。此外,没有规范作依据,民间的能工巧匠不能名正言顺地进入市场,其作品难以审核与验收,他们自然而然地被边缘化,以致最后再也没有机会把这些经验传承下去了。

2)策略设想

(1)建立匠师与泥土建筑的认证制度

其一,对传统匠师的资历进行认可。现行法规对建筑师资质的认证主要是面向科班出身的建筑师和工程师,对这些正统之外的传统材料与工艺显然缺乏理解,甚至有时会无所适从。相比之下,传统匠师所得到的信任与其丰富的实践经验和精湛的技术不一致。因此技术规范需要对这些匠师进行特定工艺范围的专业认定,并邀请他们参与制定这些特殊材料与工艺的规范;同时使这些工艺在建筑教育中得到专业身份认可,这样就会突破实践与理论之间的障碍。

其二,对泥土建筑的评定与认可。传统材料与工艺如果获得有约束力的技术规范的认可,那就可以消除大众的偏见,也能被更多人,特别是处于不同代际的人接纳与吸收,这比建筑师如何大谈特谈更为有效,如通过节能建筑的星级评定与认可,可获得利润、贴息贷款、无偿技术信息咨询等。

(2)制定民间建筑与地域建筑的规范

其一,由经验丰富的匠师提出一个规范方案,其中配有大量可资参考的实践工艺、建筑实例(类似于自愿采纳的标准),国家加以审核、认可并发行。在实践中,如果案例类似,可直接引用;如果差异太大,可由经验丰富的匠师所组成的评审组加以审核备案,或采用其他方法予以报批,如工程测定、理论论证等。

其二，加快对传统材料与工艺的理性化鉴定，得出相关可参考的数据，如各种泥土构造件的防火时效、耐久性、稳定性等，这样它们就能与现代材料、技术相契合，而不仅仅是为了传统而传统。

其三，制定规范要以建筑的性能为目标，具体的经验性操作工艺应成为可供选择的自愿性技术标准。这样的规范为传统工艺今后的发展更新留下了更多的空间，也能与国际通行的技术法规与标准相衔接，有利于技术的双向交流。

5.5　本章小结

技术制度是本书重点讨论的内容，并以大量案例加以辅助说明。在很长一段时期内，人们常常将技术制度与建筑制度混为一谈，从建筑的角度谈技术规范、标准等正规制约的文章很少，而这恰恰是造成我国目前整体技术品质不高的根本原因之一。基于多年的建筑实践经验，笔者深感技术制度对建筑师起着至关重要的影响，尤其是在后期施工图阶段的调整与建造过程中的互动直接决定了建筑品质的走向。对大多数建筑师来说，尽管现行的技术制度难以违反（至少是难以通过施工图的审查），但可以采取理性的办法加以变通，前提是建筑师必须了解建筑法规、标准的来龙去脉，通读熟读专业规范，追根溯源，而不是死记硬背各种数据，这样才能对不合理的规定进行据理力争，从而间接地促进我国建筑技术制度向良性循环发展。

一个发明家或一个现场技术工作者如果不了解市场,缺乏市场观念,就将是一个盲目的技术工作者……在一个相当长的时间里,开发和研究的选题、经营都是由上面向下传达的,展现在技术家面前的似乎只是人与自然的矛盾,而没有生产和经营的矛盾。[1]

优良设计并不体现我们设计师所能做出的最好设计,只是表明了设计师能够得到社会认可的最好设计——因为可买卖的产品是有限制的。
——"优良设计"的提倡者考夫曼[2]

我不得不去调查每月收入在 150 马克到 250 马克之间的人群——即大众——的需求……我们的想法必须符合经济,我们得去调查人们的社会状况……[3]

6　迎合与再生——建筑技术的价值取向

价值观涉及建筑的深层问题,无论是古代还是现代,建筑师们都认识了到这个问题的重要性,然而,现阶段我们对价值观的讨论还很不够。当代建筑中出现的功利主义、短期行为和媚俗行为,甚至文化传统和创造性的失落、照搬西方建筑的形式、盲目地崇拜西方建筑师,尤其是当代中国建筑中出现的各种风气等等,都蕴涵着价值观的深刻危机[4]。面对这种危机,建筑师怎样看待技术的价值取向(如经济的、伦理道德的等),怎样有目的地选择、利用与创新技术便显得尤为重要。

6.1　价值取向的迎合

对同一个建筑,特别是建筑及其技术的存在价值,大众的看法和评论

[1] 远德玉, 陈昌曙. 论技术 [M]. 沈阳: 辽宁科学技术出版社, 1986: 197.

[2] 张晶. 设计简史 [M]. 重庆: 重庆大学出版社, 2004: 97.

[3] 弗兰克·惠特福德. 包豪斯 [M]. 林鹤, 译. 北京: 生活·读书·新知三联书店, 2001: 227.

[4] 郑时龄. 建筑批评学 [M]. 北京: 中国建筑工业出版社, 2001: 179.

往往不同。如中央电视台新总部大楼（图 6-1）、2008 奥运会主体育场"鸟巢"工程（图 6-2），这两个设计在国外都是难以中标的，没有哪个国家或业主肯建造如此高成本的建筑，而它们在中国建设，很大原因在于迎合了当前大众的价值取向。难怪央视新大厦的设计师库哈斯敢如此坦言："我就是迎合了中国人的需要。"不可否认，这番言论代表着相当多人的看法，也受到了社会的普遍认同。

图 6-1 中央电视台新总部大楼

图 6-2 2008 奥运会主体育场"鸟巢"工程（总平面、鸟瞰）

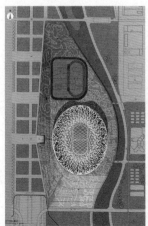

但是，经过深入分析，我们发现库哈斯所说的"中国人"与"需要"这两个概念非常模糊。第一，需求不等于需要，迎合市场需求的建筑不一定是大众所需要的建筑。第二，在权力和经济起主导作用的消费文化背景下，建筑成为政府、开发商以及建筑师等合谋的产物，由于主体（消费者、设计者、开发商或是政府）的不同，其价值取向也必然有所不同，事实上，建筑的最终价值取向是在各方利益和共同前景之间达成的某种平衡。人们对需求和价值评价主体的认知不同，直接导致了价值取向的偏差。所以，价值评价的主体绝不是仅用一个抽象的"中国人"就能简单概括的。当前，一次次价值观念的变化带来一次次建筑信念的危机和评价标准的混乱，这正向人们表明了这一点。

那么，建筑及其技术是否存在一个适宜的价值取向呢？我们从市场的角度来思考这个问题，也许会有所启发。

6.2 技术—市场—社会的互动：从市场的角度认知建筑及其技术的价值取向

建筑与市场有着天然的联系，建筑以产品的形式进入市场，遵循商品交换的规律，才能为社会所接受和承认，进而实现它自身的价值（即从所有价值转向存在价值）。在市场经济条件下，市场是由一切具有特定需求或欲望，并且愿意和可能从事交换，使需求和欲望得到满足的潜在顾客所组成的，市场可以解释为消费需求，设计与市场的关系实际上是需求和价值评价主体之间的关系，市场需求的大小在一定意义上反映了设计的成败。因此，如果没有良好的市场前景，建筑及其技术就难以收回设计、开发阶段所投入的资金，也就失去了继续开发的经济追求动力，不能长久维持下去。

6.2.1 需求与效用——建筑及技术的市场化趋势

1）从需要到需求的转变

需要与需求，两者看似相同但有着本质的区别。首先，需要是应该有或者必须有，是对事物的欲望和要求，属于行为心理学的范畴；需求是由需要而产生的要求，属于经济学的范畴。其次，需要是指人们为了维持生产和生活的正常进行，对生产资料和生活资料提出的一种欲望或意愿。不同的欲望或意愿就有不同的需要。由于生产力水平的限制和需要本身的不断发展，这些需要总有一部分得不到满足。而需求则是指人们在现有的收入保证范围内对社会产品的一种物质要求和欲望。它的实现必须具备两个前提条件：一是人们要有欲望或需要，即愿意购买；二是人们要有收入保证，即有支付能力，能够购买。因此，需求实质上是受一定生产力水平制约的有限度的需要。正如杰里夫·怀海德所言：“人类的需求是无止境的。但是，如果定价很高，需求就会受到限制。因此，需求是指消费者在特定时间、按特定价格支付得起的商品和服务的量。决定需求的基本因素是个人的偏好和需要。”[5]

美国心理学家亚伯拉罕·马斯洛提出了著名的需要理论，他认为人的需要由低到高分为五个层次：生理需要、安全需要、社会需要（或谓归属和爱的需要）、尊重需要、自我实现需要。由最低级的需要开始，向上发展到高级的需要，呈阶梯形。从需要理论来看，人的需要具有基本层次的物质需要和较高层次的精神需要两大类，一旦某种需要被满足了，它就不再成为需要了。根据需要理论，建筑设计既要考虑人类对物的规定性（如建筑的各种功能性需要），还要考虑人类对建筑所具有的社会、文化、精神特征的关注（如建筑的地方化、民族化需要），从而真正实现人类生活的全部价值。

随着现代商品经济时代的到来，设计产品作为商品进入市场，然后再进入人们的生活。需要与设计通过市场相联系，市场由具有需求和支付能力并希望进行购买的消费群体构成。由于市场机制的作用，经济体系从以生产者为导向转为以消费者为导向。因此，建筑也随之步入了大众消费时代，建筑设计从满足使用者的需要而设计转为迎合市场的需求而设计。

与需要相比，需求主要体现了一种消费关系：

（1）只有购买意愿而无支付能力的只是心理上的需要，而非经济上的需求，而消费行为最终是由现实经济条件过滤后产生的需求所引发的。譬如，近年来，国内大中城市房价涨声一片，房价成为消费者优先考虑的因素，其次才是居住的环境和交通状况，至于房屋的节能等技术因素则很少有人问津。在北京举行的“2006 年前沿建筑论坛”上，开发商潘石屹就

[5] 杰里夫·怀海德.王经济学（第 15 版）[M].晓秦，译.北京：新华出版社，2000：78.

指出："之前五年公众对房屋设计和质量非常关注，而现在对房价的讨论已经压倒了一切，没有多少人会关心建筑设计师说什么。"

（2）需求有正当需求与不当需求之分，对处于不同经济发展阶段、文化背景、利益集团的价值主体来说，可能相去甚远。而且，由于市场满足的不是需要而是欲求，当欲求超过需要进入心理层次，就会变成无限的需求。因此，不当需求太多会产生许多副作用，市场就不能发挥其调节作用而出现市场失灵，此时政府必须对市场进行有限的干预。如针对房价增速过快、土地资源缺乏等问题，国家相关部门相继出台了"国八条""国六条"以及相应的配套细则与措施，力求缩小需要与需求之间的差距，促使人们摒弃高消费，提倡适度的、节约型的消费。

（3）需求的特点还表现为多层次性。一方面，产品要适应人们不同层次的消费需求（从横向看，即消费主体的消费能力），同一建筑产品要同时具有不同程度的不同功用；另一方面，产品又要适应人们不同时间的消费需求（从纵向看，即消费主体的基本需求与内涵的变化带来消费层次之间的比例发生变化），同一建筑产品，即使是对同一个人，也应随其提供的时间和数量的不同而发生变化。消费者既可以在同一时期消费具有不同功用的建筑产品，又可以在不同时期改变对建筑产品的消费需求。而且，根据经济学的边际效用递减规律，人们对某一产品的消费欲望会随其不断被满足而递减。但在现实社会中，一方面，由于消费能力的限制，人们不可能在满足建筑产品的消费之后才去消费其他产品；另一方面，由于生产能力的限制，社会不可能为每个人提供足够的、适合他们消费欲望的建筑产品。这就客观上要求现有生产能力和消费能力尽可能达到平衡，建筑产品的生产尽可能适应不断变化的、多层次的消费。

2）从有用到效用的转变

人们判断建筑有无价值，常常是从建筑的有用性（注意，不能与使用价值相混淆）来考虑的。然而，建筑的现实价值（交换价值）取决于人们对该建筑的需求，即该建筑所具有的效用性。建筑的效用是人们对建筑需求的满足程度，是主客观的统一。第一，建筑首先是具有一定使用价值的器物，能满足人们的需要而又客观存在；第二，虽然人们对产品的欲望的满足表现为意识，但欲望本身并不决定意识，只是借助于意识间接地表现出来，真正决定人们对建筑产品的欲望是否满足和满足程度的，是其所处的历史条件和经济地位。

建筑的效用因人们的经济条件、文化素养、风俗传统、习惯爱好等不同而有所不同，对其难以进行定量描述。建筑的效用可以采用不同的方式来表达，一般是通过建筑的需求量与供给量的比例来确定。假定 U 表示效用，Q_d 表示需求量，Q_s 表示供给量，则建筑的效用[6] $U = Q_d / Q_s$。建筑的效用与其需要量成正比，与其供应量成反比，效用随需要量与供应量的比例变化而变化。当 $U > 1$ 时，建筑产品的交换价值大于其创造价值；当 $U < 1$ 时，建筑产品的创造价值有一部分不能实现；当 $U=0$ 时，建筑产品的创造价值无法实现，也就不具有任何使用价值，存在价值更无从谈起。可见，建筑的效用充分反映了建筑市场的需求。

综上所述，建筑及其技术从需要到需求、从有用到效用的转变，是一种质的变化，这无疑对建筑的设计建造提出了前所未有的新要求。

6.2.2 "隐匿"与"显现"——建筑的符号化与技术符号的迷失

1）建筑的符号化

"要成为消费的对象，物品必须成为符号，也就是外在于一个它只作意义指涉的关系——因此它和这个具体关系之间存有的是一种任意偶然的和不一致的关系，而它的合理一致性，也就是它的意义，来自它与所有其他符号——物之间，抽象而系统性的关系。这时，它便进行个性化，或者进入系列之中等；它被消费——但（被消费的）不是它的物质性，而是它的差异（difference）。"[7] 同样，建筑作为商品不仅是制造商的产品，也是设计师的作品和消费者的用品。在设计—生产—流通—消费的循环过程中，相对不同的主体（消费者、设计者、开发商或是政府），建筑产品都被赋予了不同的意义，从而成为传递信息、表达意义的符号载体。根据产品的不同价值特征，可以将它分为感知（浅层含义）、体验（中层含义）和自我阐述（深层含义）三个层次。

首先，建筑产品通过外观形态暗示其功能特征，如通过空间的分隔、外形的处理、材料与色彩的配置等表达了一种使用目的。消费者通过这些

[6] 黄如宝. 建筑经济学. 第 2 版 [M]. 上海：同济大学出版社，1998：76–81.

[7] 谢天. 零度的建筑制造和消费体验——一种批判性分析 [J]. 建筑学报，2005（1）：27–29.

符号的暗示了解建筑的功用，并结合以往的生活经验，作出"这是什么类型的建筑""性能如何"或者"居住舒适与否"等逻辑判断，进一步了解该建筑的功能。消费者正是在与这些符号接触的过程中了解到建筑的一些感性信息，逐渐形成一个相对稳定的感性印象。例如，在建筑造型上，采用大面积幕墙的形式让人联想到轻盈通透的现代感觉。

其次，在建筑消费中，消费的对象（即客体）已不仅仅是建筑实体本身，还体现了一种身份地位、流行时尚、个性品牌等。这是受教育与外界的影响而形成的一种社会价值观。此时，符号的内容凝聚着一种社会功利特征，看到这些形式要素时，会唤起消费者对相应社会功利内容的感性态度[8]。因为建筑产品符号暗示了一种生活方式、居住理念与时尚特征，所以，将符号作为品牌炒作以换取附加价值，已成为当前建筑设计、建造与营销的一种流行趋势。如时下流行的欧式造型及洋名体现出人们对欧式的现代生活的向往，这是一种风格性消费。与以经济实惠为宜的实用性消费相比，风格性消费是以个人的喜好为依据安排消费，对产品贵贱的考虑或顾虑都在其次，建筑成为消费者的一种符号体验。但是，"体验在容易获得的同时也越容易被人们丢弃，人们在获得一种一瞬间的满足之后，迅速地厌倦转而寻求另一种体验和刺激。"[9] 所以，现代技术可以使人们轻易地去消费各种符号——"唐宋的""古罗马的""古埃及的"，甚至"未来的"等等，但在体验过后留给人们的却是更多的危机感。

再次，建筑不会脱离其存在的文化背景而单独存在，它具有各地人相通的情感意义，是人们共同的情感体验。在对建筑的深层感悟中，"观者往往结合自身的经验和背景，从中召唤出特定的情感、文化感受、社会意义、历史文化意义或者仪式、风俗等叙述性深层含义，表现出一种自然、历史、文化的记忆性脉络。其中，观者理解的角度和程度因人而异。"[10] 这些建筑通过特定的符号唤醒了人们对地方文化的记忆与认同，从而保证了地方文化的连续性。这种持续性的感觉与体验超越了个体对建筑的体验，从而赋予建筑一种自我阐述的特征。

2）技术符号的迷失
随着现代技术的发展，建筑日趋符号化，但建筑技术的符号表达却逐渐变得模糊起来，特别是信息技术在建筑领域广泛应用后，以往设计所遵

[8] 张凌浩. 产品的语意[M]. 北京：中国建筑工业出版社，2005：26.

[9] 谢天. 零度的建筑制造和消费体验——一种批判性分析[J]. 建筑学报，2005（1）：27-29.

[10] 同[8]，28.

图 6-3 史蒂文·霍尔设计
的圣伊格内修斯教堂

图 6-4 世博会（2005）
英国馆

循的创造法（造型要明确地表达功能与结构）变得不再可能。一方面，建筑的形态与功能之间失去了密切的联系，突出表现为技术系统的"黑箱现象"和"造型的失落"。人们无法辨认与理解，只管住的舒服就行，根本不需要明白所用的技术系统是怎么一回事。正如绝大多数普通开车者只管开车，根本不用打开发动机罩，因为他们不需要知道也不可能详细地知道发动机的工作原理。因此，"出了问题找专家"就成为当前技术时代的一个口头禅。

另一方面，由于许多新的建筑材料、建筑工艺及建筑功能的出现，需要用新的建筑形式去表达，从而出现了与新技术相关的新符号，以满足消费者对建筑的"辨认"与"表情"需要。

在技术发展的同时，技术也日渐游离于建筑师的控制之外。建筑的形式不再囿于材料自身固有的特性（"每一种材料都述说一种它自身的语言"），因此，砖的比例、重量感和质感也不再像美国建筑师莱特所想象的那样被合乎逻辑地转译到像罗宾住宅这样的结构中，这样一来，建筑师就无法按照传统的自然方式进行建造了。如纳米技术的产生推翻了许多建筑学的恒久范式。纳米建造技术将能实现前所未有的甚至从未想象过的多样化形式。当建筑的构件太小以至裸眼根本无法看见的时候，形式和材料之间的关系将会改变。建筑的特点会因要求的不同而有所变化，在此一分钟内要坚硬、不透明，下一分钟又要柔软、透明，建筑的构造会变成流动性的，从固体到液体、气体，循环往复，或在不同状态之间摆动。因此关于材料"真理"的观点将无关紧要，"材料"这个词都可能会消失。当基本的建筑模块根本没有严格定义时，结构和物质将会分离。物质不再重要[11]（图 6-3、图 6-4 作为一种材质，光赋予空间一种动态的美感）。

显然，目前的技术有着高度的非物质性，以至于人们再也不能仅靠观察就能明白其中的奥妙。即便如此，人们也不能在谈论建筑的风格与功能时，把建筑技术的革新与进步抛在脑后。因此，如果想要真正理解并灵活运用这些新技术，就必须向人们传播在日常生活中有关的建筑技术文化。

6.3　价值取向的影响因素

6.3.1　作为消费者的大众

1）需求的膨胀

中国人对建筑一直怀有某种特殊的情结，自小农经济时代起，人们就将建筑看作是身份、权力、财富与成就的象征，就像什么样的衣服反映什么样的身份，以至建筑营造一事，被看作是个人存在于世的目标，从帝王将相到普通平民，概莫能外。而今，尽管时代变了，社会制度变了，小农经济时代的价值观却被保留了下来了，现今不少人还是希望用建筑来彰显

[11] 为什么建筑的未来不需要我们 [EB/OL]. https://bbs.zhulong.com/101010_group_678/detail 33800/，2002-9-16.

自己的地位、权力、财富。"我消费，故我在"，建筑消费仍然是个人实现自我价值的主要方式之一。因而，一波又一波的新政及其细则仍然无法浇灭人们对建筑消费的狂热。正如文艺复兴时期法国著名的作家蒙田所言："由于必需而被拴在一辆车子上，只是一种存在，而不能算是生活。"生命的表现不能仅局限于满足基本生存这个层次上，人们总是希望有更多的用品能满足不断变化的需求，建筑就是其中之一。

当然，建筑消费也离不开经济的发展。从新中国成立到 20 世纪 80 年代，中国人的建筑消费是非常单调的，基本上不追求以消费的差异来显示自己高人一等，当时的意识形态、生产技术发展水平以及个人的收入水平都限制了人们建筑消费的选择余地。然而，由于长期居住在条件窘迫的环境里，不少中国人在其头脑中对建筑的需求潜伏着一种嗜大求新的"饥饿基因"。进入 20 世纪 80 年代，一批首先富起来的人为了张扬自己在经济上的成功，开始追求更好的居住条件，因此，炫耀性消费迅速崛起，嗜大求新的消费时尚对多年一贯制的居住方式形成了冲击，逐渐成为建筑消费的社会领导力量。由于仰慕这种消费，经济条件稍有好转的人们也会不失时机地风光一下，进而更助长了炫耀性消费。

90 年代后，随着经济持续稳定地发展，越来越多的人具备了较好的经济条件，人们长期被压抑地对建筑的消费需求逐渐得到释放。特别是最近这些年，国家取消福利分房制度、启动房改政策之后，国内建设规模呈跃进式发展，人们对建筑的消费呈现出井喷的现象。从中小户型到大户型，从高层公寓到独立别墅……人们对建筑的消费需求迅速膨胀起来，人均建筑消费量迅速向发达国家靠近。譬如，2004 年底统计结果，全国城镇人均住宅建筑面积为 24.97 平方米，户均住宅建筑面积 79.15 平方米 [12]。譬如，根据 2022 年底住房和城乡建设部统计信息，全国城镇人均住宅建筑面积为 38.1 平方米 [13]。

[12] 2004 年城镇房屋概况统计公报（建设部综合财务司，住宅与房地产业司）

[13] 2021 年城乡建设统计年鉴 [EB/OL]. https://www.mohurd. gov.cn/gongkai/fdzdgknr/sjfb/ tjxx/index. html.

当然，在需求膨胀的后面还存在着如下动力因素：地价上涨推高房价预期；需求的人为过剩直接拉伸了房价（保障不到位，大量中低收入者被裹挟进房市；投资手段匮乏，买房成为一些有钱者的理财方法）；房地产势力导致调控政策悬空；银行放宽贷款条件，为楼市购买力提供支撑等。这些因素进一步促进了建筑市场的繁荣。

2）技术意识的培育

目前，在开发商、设计师和政府等多方面的共同努力下，我国的房地产业和建筑文化走在发展中国家的前列，建筑的规模及人均建筑面积均得到大幅度的提升。然而，在这种量变的背后有一个不容忽视的问题，即目前国内建设仍未摆脱以往粗放型的发展模式，量变并没有给人们的生活带来所期待的质变，量的需求遮掩了质的缺陷。一方面，设计市场充斥着大量价廉质次的建筑；另一方面，一些重要的或高档的建筑表面上是阳春白雪，但华而不实，缺乏与之相匹配的品质（如空间的高使用率、居住的高舒适度等）。正如日本建筑师黑川纪章所言："中国的建筑外观和里面不一样，看上去非常漂亮的建筑，内部设计却很差。"

造成中国建筑表里不一的原因是多方面的。许多人将其归咎于被舆论妖魔化的开发商、设计师、政府等等，但笔者认为，非理性的需求膨胀是一个非常值得关注的因素。因为只有产品被消费了，其在生产循环的整个过程才算真正完成。从这个意义上来说，没有消费就没有生产，没有消费者的推波助澜，嗜大求新的现象就不能实现。在需求膨胀的同时，消费者更多地注重于量的需求，而无暇顾及建筑技术方面的一些问题，而这恰恰是事关建筑品质的关键所在。例如对节能住宅的消费，大多数消费者首先是考虑房价，其次是小区的环境、交通，最后在价格因素的挤兑下，没有多少人会去为名目繁多而自己又不甚明白的技术买单。更何况现在不少房子还没盖就已经卖光了，根本不可能对现房进行货比三家，更不用说向开发商索取房屋节能系数的数据。另外，目前不少节能建筑所需的技术、材料、设备等质量不过关，技术的黑匣子现象日渐严重。人们利用可再生能源仍存在技术、成本和认识上的问题，这也影响着消费者对技术价值的认知。在诸如此类因素的综合影响下，消费者便轻易地放弃了技术选择的话语权。

因此，引导大众的消费观念，培育消费者的技术观念，就显得非常重要。目前，我国民众对技术价值认知的主流价值取向还未形成，旧价值观的根本改变需要长期的文化积累，需要培育大众对建筑的消费意识，因而这种状况还将持续相当一段时间。只有等到社会更加开放、发达，人们的消费心理也更加成熟后，这种情况才会有所好转。

6.3.2 作为生产者的开发商

在市场经济中，开发商通常都会强调建筑产品的经济属性，直接将空间与面积同价值挂钩，并想方设法把建筑销售出去，以追求最大化的经济效益。在具体策划与建设的过程中，开发商对市场进行考察，寻找投资机会，确立开发项目；对拟开发的项目进行综合的技术经济研究与论证，在确保具体的经济效益的前提下，再做出开发项目的决定。所以说，开发商并非不重视技术的选择和利用，只不过技术的选择和利用是在保证能赚钱、赚多少钱的前提下进行的，开发商主要关注的是技术所带来的经济效益。如从售房角度看，如果节能技术能带来切实的丰厚利润，节能技术必然能付诸实施。反之，如果节能技术没什么优势，就不可能成为房子的卖点，这必然会影响到开发商对节能技术投入的积极性。这样一来，"文化牌""交通牌""环境牌"就成为开发商惯用的营销策略，而"技术牌"却鲜有人问津，这最终势必会影响建筑品质的发展。

然而，技术的整体效益是经济效益、社会效益和环境效益的集合，这与开发商的一些实际需要存在着一定的冲突。因为大多数开发商以短期的和具体的经济利益为原则进行技术的选择和应用。建筑师和大众既不能过多地苛求开发商，也不能消极地寄希望于开发商能良心发现。这还需要政府充分运用市场这个经济杠杆对此加以引导和控制，让开发商感到有利可图，自觉地做出选择以符合大众的整体利益。

6.3.3 作为衡量标尺的市场与作为裁判的政府

1）市场失灵与政府的有限干预

市场是影响技术选择和应用的最主要因素之一。一般情况下，人们常将市场上的成败看作衡量技术应用成功与否的一个标尺。如古典经济学的代表人亚当·斯密在《国富论》中指出，市场就像一只"看不见的手"，在市场的引导调节下，每个人都力图用好他的资本，使其产出能实现最大的价值。在他这样做的时候，有一只看不见的手在引导他去帮助实现另外一个目标，这种目标并非他本意所要追求的东西。通过追逐个人利益，他经常会增进社会效益，其效果比他真的想促进社会效益时所能够得到的还要好 [14]。"看不见的手"适用于所有市场经济，它使私人效益与公共效益

[14] 徐明前. 上海中心城旧住区更新发展方式研究 [D]. 上海：同济大学，2004: 41.

相协调。在市场的调节下，技术的选择和应用最终也能达到私人效益（如开发商的经济效益）与公共效益（社会效益、环境效益）的统一。

但是，市场对技术的作用并非理论上所说的那么完美，在现实生活中，建筑的投资与消费主要来自开发商与普通大众的钱袋，由于经济波动（如失业、通货膨胀）、技术的垄断、外部性的考虑（如污染）、公共设施的需求、社会不公等因素的影响，仅靠市场的调节不足以约束人们的行为，资源也不能得到充分利用。为了提高资源配置效率，实现社会公平，需要政府进行有限的干预。因此，政府的主要职能就是纠正市场短期性行为所造成的消极影响，减少外部性因素所引起的资源浪费，优化资源配置，等等。

2）政府失灵与技术制度的法规化建设

政府只是一个抽象的概念，它最终是由人组成的，而这些人首先是具有经济属性的人，有这样或那样的私欲，尽管有某种约束或觉悟能使之上升为考虑公共利益的理性的人，但他们仍具有人类固有的一切弱点，会犯这样或那样的错误，因此，政府不可能完全保持价值的中立。而且，政府一旦干预市场，各经济体就会自发地通过寻租活动（如贿赂）对其加以利用，假借政府的手段追求自身的经济利益，从而使市场机制失去作用 [15]。由此可见，政府干预也不一定能解决所有问题，政府本身也会失灵。

政府干预的有限性并不否认政府干预的必要性。目前，在技术的选择和利用过程中，我国可以借鉴外国的先进经验，将市场调节与政府干预相结合，将个体的技术意识与具有法律约束力的法规相结合，有意识地推进技术制度的法规化建设。

譬如美国住宅建筑节能的市场模式与政策导向。美国人口约有 2.5 亿，目前建筑自有率为 66%，人均居住面积 59 平方米，居世界榜首。住房是美国家庭的重要组成部分，大多采取分户供暖，所以节能关系到家庭的支出，房屋的节能水平成了一个非常重要的指标，建筑节能甚至成为一些家庭购房时考虑的首要因素。可见，节能是一个非常市场化的指标，建筑节能取决于每个家庭根据能源价格、自身收入和生活水平等因素而做出的选择。而政府在其中的角色并不显著，其主要职责是制订行业和产品标准、开发

[15] 范炜. 城市居住用地区位研究 [D]. 南京：东南大学，2003：87.

和推荐能源新技术等。如美国联邦政府制订了《联邦政府能源管理计划》，其中有一部分涉及建筑能源标准。而确立建筑行业标准则是各州政府的职权，加利福尼亚、纽约等经济比较发达的州的建筑节能标准就比联邦政府的标准还要严格。在政府节能政策的导向下，由能源部支持的美国绿色建筑协会积极推行了以节能为主旨的《绿色建筑评估体系》，给有利于节能的建筑材料授予"能源之星"标志。同时，政府委托相关实验室进行研究，并和一些州政府合作建设节能样板房予以示范。有些州还用财政补贴的方式支持节能效率高的住宅建筑。总而言之，在建筑节能方面，美国政府机构主要是做好服务工作，并充分发挥市场的调节作用，让公众感到节能对自身的好处，从而自己做出选择，这种做法值得借鉴。相比之下，国内迄今还没有特别的方法、具体的措施来实施节能，节能投资市场缺少价格、金融、信贷、税收等相关政策的支持，一些节能规范还存在程序化、教条化的缺陷，且难以操作，诸如此类的问题严重制约了我国节能市场的进一步发展。

6.3.4 作为技术文化传播者的媒体

什么样的建筑是优秀的建筑，什么样的建筑技术是先进的，建筑的本质是什么，这些对城市建筑品质有着重要影响的思想观念大多是依靠媒体传播给大众的。媒体对大众思想的影响或者说对大众的建筑认识观念的影响非同小可，它对主流的价值观有着重要的心理导向作用，有时甚至起到了一定的仲裁作用。此外，媒体在引领风气、传播时尚的同时，还能沟通和协调参与建筑的各方之间的关系，加强建筑决策的监督，而反馈的各种信息又进一步提高了建筑品质。可见，作为舆论工具，媒体在建筑设计、建造、营销、监督等诸多环节中扮演着越来越重要的角色，承担着更多的新任务，它是一个不可或缺的工具。然而，目前的中国建筑，特别是建筑技术，在借助媒体进行传播方面做得还很不够。

譬如，在各类报纸杂志、网络等媒体涉及建筑方面的公示介绍中，几乎很少提及与建筑技术相关的问题。报道中常如是说"各方案在处理好采光、通风、服务便利等功能的同时，都注重象征性的概念，力求达到×××建筑的效果"。在其后的报道中往往也只介绍建筑在外形符号上别具匠心。建筑的纪念性、标志性已经成为建筑主要的功能，良好的采光通风、技术的经济合理性等都是不需要多考虑的问题。建筑投标成了图案设计的竞赛，似乎所有的方案都能很好地达到相关的建筑要求，而技术是否合理、是否适用、是否有创新则被完全忽略了。

另外，媒体对建筑的报道与评论有时较为偏颇，误导了公众对建筑的认识。不少非专业人士撰写建筑评论常出现以下现象：夹带一些自己臆想的技术理念，从建筑的外形符号的象征意义出发介绍建筑，给一些有悖于自己价值观的建筑取一个恶俗的名字，将生活水平的提高与住房的改扩建相联系，将造型的高技术性与技术的高含量相混淆，关注点在于新，等等。这些介绍与评论是对建筑文化的一种极大扭曲与误解，不利于消费者对建筑价值的判断，也不利于培育消费者的技术意识。如中国的三峡工程带来举世震惊的大规模的城镇和乡村迁移，政府快速开发建设了一些新城镇或新区来容纳离乡人群，这些新建筑组成的安居新城大多粗鄙简陋，但几乎所有的迁徙者都向往搬到那里。家在三期水位的人羡慕先搬家的，水位在一米七五以上的人又羡慕所有能搬家的人，没有人留恋那些老房子，因为都觉得新的比旧的好。

因此，媒体的报道与评论需慎之又慎，要从关注建筑的表面符号到关注建筑内在的实质问题，否则就会误导大众对建筑的认识。尤其是在技术符号日渐走向迷失的今天，向大众传播有关日常生活的建筑技术文化、培育大众的技术意识、打开技术的黑匣子显得更为重要。

6.3.5 作为主体的设计者

一个好的建筑设计师应对生产者（开发商）、消费者和社会负责，综合考虑生产者（开发商）、消费者、市场、政府等的需求，在此基础上进行技术的选择与应用。然而，在具体设计过程中，不少建筑师以个人的喜好为依据，从自己的角度出发追求高品位、社会理想与责任，但这些高品位的建筑不一定是消费者或市场所能理解和接受的。其一，技术的市场选择是设计成立的前提，如果没有人买单，那么建筑师创造出的东西就失去了社会价值。因此，建筑是进入市场的产品，建筑师必须站在开发商的立场上，在设计中为销售着想。其二，技术的应用是为了消费者使用方便，而不是用来收藏的，坐在自己家里往外欣赏，远远比站在外面欣赏这房子的外观更真实和重要。所以，有许多建筑以建筑师的专业眼光来看是叫好声一片，但市场上的消费者却不认可，就是因为建筑师没有从消费者的社会背景、知识体系和生活经验出发来设计。

建筑是集体意志的决定，是国民经济水平、文化品位和自我形象追求的综合成果。我们没有必要去指责某一开发商或某一设计师的觉悟与品位，因为不同的时期、不同的参与者都有不同的价值观念，并且从管理者、专家到百姓的建筑价值取向在许多时候都有一定的偏差。因此，无论是政府、建设方还是消费者，都应更加理性地思考建筑的价值取向。对建筑师而言，就是要从消费群体的生活环境与文化背景中，寻找消费者所关注的建筑符号、生产者（开发商）所关注的利润、政府所关注的社会效益，这有助于建筑师跳出自身诠释的窠臼，建立共同的价值观。

6.4 相关策略与措施

对消费者来说，有多少钱办多少事，即物有所值。对设计与开发建筑的相关人员来说，其目标就是选择与应用适宜的技术，在限定价格的范围内，力求使建筑达到高性价比，且符合一定的道德标准（如个人审美、伦理价值等），以满足不同层次的消费者的特定需求（图6-5）。

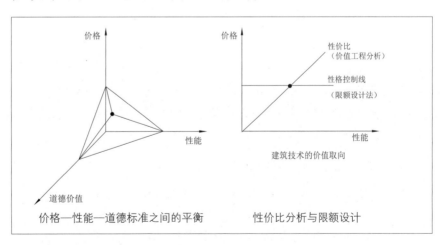

图 6-5 技术的价值取向

6.4.1 性价比——设计过程中的价值分析法

1）追求合理的性价比

对使用者来说，建筑必须具有使用价值，否则它就失去了生产的意义。

但建筑又不能超出使用者的经济承受能力，只有在功能与价格都合理时，才能达到用户的最终需求。所以，建筑的价值不等同于经济效益，而是技术和经济的有机结合体。它可用以下公式表示[16]：

$V=F/C$

其中：V（value）——价值

F（function）——功能

C（cost）——费用

由以上公式可以看出：价值与功能成正比，价值与费用成反比；功能越高，费用越低，价值也就越大。

这种价值分析法是从用户的角度来考虑的，而不是从制造者或设计者的角度来考虑的，它最早源于二战结束不久后的美国。为了解决材料短缺问题，美国通用电气公司派设计工程师麦尔斯担任采购工作。在一次采购供应奇缺、价格剧涨的石棉板的过程中，他首先把成本与功能联系起来分析采购石棉板的目的。经过调查研究，他发现在给公司产品上涂料时，涂料溶剂落到地面上容易起火，消防法规定要铺石棉板防火。这说明采购石棉板的目的在于它的防火功能，但具有防火功能的材料不只石棉板这一种，可以用具备同样功能的其他材料来替代。为此，他找到一种不燃烧的纸来替代石棉板，这种纸不仅采购容易，而且价廉物美。之后，麦尔斯通过修改消防法，最终实现了这一设想。这种在保证同样功能的前提下降低成本的比较完整的科学方法被称之为价值分析（Value Analysis，简称 VA），也是人们常说的价值工程（Value Engineering，简称 VE）。随着价值工程的不断发展，其研究内容和范围也不断扩大，包括寻找替代材料，改进设计、工艺和生产，新产品的研究和开发，提高与这种产品相关的整个系统的经济效益。

功能低不能满足用户的需求，即质量低就没有市场。但是，如果质量超过用户的需求，费用与价格必然提高，这也不会受到市场的欢迎。所以从价值工程的观点来看，功能不足和功能过剩或不必要的功能对产品的市场竞争能力都不利，应以满足用户所需的必要功能为目标[17]。

[16] 孙启霞，金宁. 价值工程——动态不对称法 [M]. 深圳：海天出版社，1997: 3-8.

[17] 孙启霞，金宁. 价值工程——动态不对称法 [M]. 深圳：海天出版社，1997: 8.

价值工程在很多领域得到了较好的推广与应用，取得了许多惊人的实效，而它在建筑设计中却没有得到应有的重视，其中的关键原因就是不少建筑师没有将建筑当作产品。"没有市场，技术是成长不起来的"，建筑作为艺术品成立的前提就是产品。因此，建筑师应该重视价值工程在设计过程中的应用，追求以最低的成本生产出符合功能和需求的产品。

2）设计过程中的价值分析法——对造价合理性的控制

价值工程的进行过程实质上就是分析问题、发现问题和解决问题的过程。具体地说，即分析产品在功能和成本上存在的问题，提出切实可行的方案来解决这些问题，通过问题的解决而提高产品的价值。整个价值工程主要围绕 7 个问题展开，其基本步骤和具体程序如下：

（1）功能分析与评价（这是什么？这是做什么用的？它的成本是多少？它的价值是多少？）

① 选择分析对象

常用方法如下：

a. ABC 分析法（成本比重分析法）[18]，运用数理统计原理，按照局部成本在总成本中的比重大小来选定对象。其中种数少而成本大的零件应列为 VE 对象，如 A 类或（A+B）类，而 C 类则可不作专门研究。这种方法的缺点是仅从成本比重大小的角度找对象，没有考虑功能因素，特别是某些功能高而成本低的零件。

b. 强制确定法，以功能重要程度作为选择，功能重要程度高着重分析。强制确定法是将各因素排成矩阵，进行一对一比较打分，得出各因素的功能重要度系数。由熟悉产品的行家 5~10 人参加评分，各自打分，不讨论，不干扰。这种方法的缺点是没有考虑成本因素，在逻辑上不十分严格，含有定性分析的要素，但仍有一定的实用性，运用得当，在多数情况下所指示的方向与实际相符。因此，最好是强制确定法与 ABC 分析法或相类似的一些成本分析法结合使用，使功能和成本两重因素可以得到通盘考虑。

在设计过程中，建筑师可以选择对建筑价值影响比较明显的一些因素，依据建筑功能和建筑成本评价的基本内容，建立起相应的技术经济评价指

[18]　谭浩邦. 新编价值工程 [M]. 广州：暨南大学出版社，1996：103.
ABC 区分原则：成本比率／数量比率 A 类为（70~80）/（10~20）；B 类为 20/20，C 类为（10~20）/（70~80）。

标体系。譬如，可以将对象分为区位因素与个别因素，其中，区位因素包括繁华程度、交通便捷度、环境景观、公共设施完备程度、临路状况等，个别因素包括建筑权益（土地性质、年限、房产归属等）、建筑结构、建筑规模、建筑格式（层高、开间、层次等）、附属设施设备、装修、朝向、平面布置、成新状况等。

由于消费者的社会背景、文化知识、生活经历、个人好恶，甚至消费经验、空间体验等的不同，消费者的价值观及其对建筑的需求也有所差异。由这些差异形成的惯性思维和观念使大多数非专业的消费者根据自己的判断，按照自己的逻辑设定一个评价建筑优劣、好坏、品质的标尺。他们将建筑定义为个人所理解的实体，而建筑本身的文化意义、经济价值和技术系统的复杂内核往往被忽略。建筑师感知最深的是，国内许多建筑的外观和内部不一样，外观看上去非常漂亮，内部设计却很差。对此，作为专业的建筑师，应该根据不同消费者的现实需求，对影响建筑价值明显的指标，特别是涉及技术的因素，如日照、通风、采暖等，进行提炼（确定主因素）与分析（赋予权重）。

② 进行功能分析

功能分析是将选定的对象进行具体的分类、描述、整理和排列成树形图的系统化过程，是价值与分析的前提。它包括三方面的内容：

a. 功能的定义（它的功能是什么？）功能的定义可以明确用户对产品所要求的功能，准确的功能定义可以将产品的性能直接与用户购买产品的动机相联系。如用户购买灯泡是为了照明（目的），并不是购买玻璃泡这种结构（手段）。即用户需求的是特定的功能，而不是产品本身的具体结构，不同的结构只是用于实现既定功能的手段。这一点可以帮助建筑师摆脱结构的束缚，重新思考和研究建筑的性能，找到实现既定功能的最有价值的技术方案，建筑师对此应充分重视。同时，这一点也与上一章所讨论的性能规范相呼应，它在建筑师对技术进行选择与应用时，具有很强的指向性。

b. 功能的整理（它的目的是什么？）功能的整理是找出不同功能之间的相互关系，区分必要功能与不必要功能、不足功能与过剩功能，确定上位功能与下位功能之间的层次和归属关系（即目的和手段的关系），为评价和构思方案提供依据。

例如，现在很多人一谈到节能住宅，第一反应就是觉得价格高，实际上仅从节能角度讲，节能本身的成本并不高。中国制冷学会会员丛旭日对产品成本有着清晰的了解，他以自己供货的南京锋尚国际公寓作例子说："南京锋尚号称零能耗住宅，一套房子最低 350 万起，实际上它的空调节能系统比一般空调系统贵不了多少，折算到每平方米也就多一百至数百元。" [19] 由此看来，节能更多的是用于高档住宅，这些住宅之所以贵的原因是其他成本较高，如锋尚的装修成本已在每平方米 3 000 元以上。这样一来，用户在购买零能耗产品时，被强行摊派了许多不必要功能或过剩功能，因而价格自然就高了。

另外，造成节能昂贵的另外一个原因是很多节能的能源没有就地取材，开发商想方设法去节能，反而增加了成本。如，在中国，很多人一提到供暖就想到锅炉生火，实际上这种观念存在误区。因为，供暖是上位功能（目的），锅炉生火是下位功能（手段），与其在锅炉的选择上花工夫，不如换位思维，从上位功能（目的）出发去考虑更多的、可替换的下位功能（手段）。例如，在节能设计时充分考虑到周边的环境，如果周边有河水，就可以利用河水调峰系统，把河水的热量储存起来用于供暖供热；如果周边有冰雪，就可以采用冰蓄冷系统，晚上把冰释放出来的热量储蓄起来，白天再把热量释放出来用于供热供暖。除此之外，其他节能方法还有用乙烯窗框增加窗户的密闭性，用乙烯材料密封管道以及在屋顶玻纤瓦下面安装热放射太阳能面板，通过安装地热泵来实现温度调节，等等。

可见，功能分析可以明确各功能间的相互关系，确定必要功能，发现不必要功能和过剩功能，弥补不足功能，提出合理的功能方案，使建筑具有合理的功能结构，满足用户对建筑功能的需求，同时降低成本，提高建筑的价值。

c. 功能的计量（它的功能是多少？）　功能的计量是以对象总体功能的定量指标为出发点，逐级测算、分析、定出各级功能程度的数量指标。

首先，功能计量应按照使用者的功能要求（包括质与量两方面），确

[19]　南京晨报（2006年5月7日）

定对象总体功能（即最上位目的功能）的数量标准（即必要功能的标准）。在设计过程中，主要是将总体功能的数量标准与现有功能的数量标准做比较，建筑师在具体操作时，可以参照不同的标准（国家或地方的定额、标准等）或类似的实物来进行。如在南京河西中央商务区，拟建一栋30层的智能化办公楼，其总性价比可以参照类似地段与规模的楼宇，在对比、分析过程中，建筑师就可以清楚地了解拟建建筑的功能是否过剩或不足。因为，如果两幢建筑物功能相同（相近），即使投入的成本不同，它们的价值应该相同（相近）[20]。这种比较法同样可以运用到具体技术的选择与应用上。以节能技术的性价比为例，在美国的住宅建筑节能设计评估标准中[21]就有比较法将设计建筑同节能标准建筑进行比较，耗能量小于标准建筑的为合格，标准提出的比较使标准更具可操作性，这种技术的比较法值得我国借鉴（我国当前的节能技术主要采用构件指标法，参照节能设计标准，各单独构件的传热系数等性能达到标准要求，即为建筑节能达标）。可见，确定总体功能的数量标准，对人们评价总体功能的价值有一定的指导意义。同时，它也能引导建筑师从量化的角度进行建筑策划与设计。

　　其次，功能计量要由上而下逐级推算、测定各级手段功能的数量标准，同时，在横向方面还需注意各功能手段之间的动态平衡与合理匹配。以建筑的使用寿命为例，它一般包括建筑的物质寿命、技术寿命和经济寿命。目前，许多建筑及其构件的物质寿命远大于其技术寿命（即使在技术进步较快的领域中，如空调系统的物质寿命远大于其技术寿命），而建筑及其构件的使用寿命则更多地取决于建筑及其构件的经济寿命。因此，在具体的策划与设计过程中，建筑师必须使三种寿命保持相对平衡、匹配，避免使用寿命过长而造成资源的浪费。而且，同一层次的功能寿命周期也需要达到平衡、匹配。比如建筑物防水，在确定了建筑物类别之后，其耐久年限、设防要求也相应确定下来（如二级防水等级的建筑：耐久年限为20年、两道设防）。建筑师需要根据建筑的防水等级选择相匹配的材料，特别是在多道设防的防水处理上，对多种材料（如各种不同类型的卷材）的选择与搭配要考虑到将来的技术改造，使之相对匹配、同步作用、同步维修、同步更新，否则将造成过多的资源浪费。此外，建筑的使用寿命短也是不容忽视的问题，有统计数据表明，我国房屋建筑的平均寿命还不到30年，仅为设计寿命（50~70年）的一半[22]，没有达到报废年限便"中道崩殂"。在技术水平大幅度提升、建筑材料不断推陈出新的今天，建筑如此"短命"

[20] 林冠球.建筑功能评价与建筑价值评估 [J].中国资产评估，2005(2)：35–37.

[21] 美国住宅建筑节能设计标准中有三种评估方法。第一，规定了各部分构件的传热系数，称作规定性指标；第二，比较法，拿设计建筑同节能标准建筑进行比较，耗能量小于标准建筑的就是合格的；第三，采用DOE－2软件进行计算，给出了一个性能能耗指标，设计建筑物小于该性能指标，即为合格。

[22] 三十而夭，中国建筑"英年早逝" [N/OL].市场报，2006–11–24. www.sy.focuse.cn

值得建筑师去认真思考。

综上所述，功能分析实质上是对功能从定性分析提高到定量分析、从如何设计到选择最佳设计的过程，从而形成既定功能的具体结构来实现这些功能[23]。特别是在价值形成的初步阶段，它可以将剩余功能和不必要的成本费用尽早地消除在设计阶段。简而言之，只要抓住了功能分析这个核心，就能使技术和经济有机结合起来，让质量和成本保持相对协调。

③ 进行功能评价

功能评价是评定产品的功能值，以及确定实现此功能的最低成本是多少，在此基础上，制定目标成本，确定重点改进的对象与范围，在保证产品功能的前提下，降低成本，提高经济效益。建筑价值的体验随不同的消费者必然有所不同，带有较强的个人的主观性。由于上文已经阐述过相关内容，在此不再赘言。

（2）制定与改进方案（有没有其他方案可以实现这个功能？）

要达到上述功能分析与评价所揭示的目标，关键在于能否制定出以最低总成本实现必要功能的种种新构思、新方案。针对具体目标，依据已经建立的功能系统图和功能目标成本，提出多种改进方案。如向用户调查，征求各种改进意见；借鉴国内外同类产品的先进技术经济因素，进行分析、对比，提出改进设想，等等。其实质是一个推倒—创造—提高的过程。

（3）方案评价提案与实施（它的成本是多少？新方案能满足要求吗？）

方案评价是评价方案的优劣，对多个备选方案进行分析、比较、论证与评价，对有可行性的方案进一步培植与完善。其内容包括技术评价、经济评价和社会评价等。技术评价是对方案功能的必要性及必要程度和实施的可能性的分析评价，经济评价是对方案实施的经济效果的分析评价，社会评价是对方案给社会带来的影响和后果的分析评价，在三者基础上，权衡利弊，做出综合评价及优选（即价值的评价）。具体方法有加法评分法、加权数评分法、比较价值评分法、环比评分法等，定性与定量相结合，最后得出一个最有价值、相对满意的报批方案。

[23] 孙启霞，金宁. 价值工程——动态不对称法 [M]. 深圳：海天出版社，1997：50-53.

6.4.2 适宜包装——设计过程中的限额设计法

1）限制建筑的过度包装

"三分模样，七分打扮"。作为产品外在品质的一部分，包装素有"产品的脸谱""无声的推销员"之称，是赢得日趋激烈的竞争的一个重要筹码。为了抢占市场，商家利用精美包装的视觉冲击吸引消费者的视线，诱发人们的购买欲望，从而增加了商品的市场份额。作为产品的建筑也是如此。受激烈的市场竞争的影响，开发商越来越重视包装功能在设计与销售中的地位，与以往相比，实用性已不再是一种优势，而是必须满足的条件。建筑的包装（也可谓艺术造型）像是一个真正的沟通者，类似于广告媒介，包含着品牌的个性和价值，体现了建筑品质的优越性。然而，为了追求更高的效益，一些开发商对这一功能进行过分夸大，走向另外一个极端，陷进了过度包装的泥潭。

过度包装的现实危害主要体现在如下几点。

第一，巨额的包装费用被转嫁到消费者头上，使消费者不得不支付无谓的价款，这无形中损害了消费者的利益；此外，包装成本的过度增加又造成建筑自身利用率的大幅度下降，这在有意或无意中造成了有限资源的极大浪费。拿乙级防火建筑来说，普通木门就可以满足其要求，若再用铁皮去包就有些过分了。如 4.7cm 厚的填充矿棉的门扇的耐火极限为 0.9 h，可以用作乙级防火门，而用铁皮包后其耐火极限则达到 1.5 h，甚至超出甲级防火门的标准（1.2 h）。

第二，过度包装转移了人们对实用性的注意，特别是借助于技术的幌子进行冠冕堂皇地包装。为了让建筑有与众不同的亮点，建筑师开始热衷于作技术的表面文章，用高技术、低技术、适宜技术等卖点去装扮各种所谓的现代的、乡土的建筑，把建筑打扮得"花枝招展"，其中不乏强制搭售甚至误导消费者的行为，为了技术而技术，流连于技术的表现而忘却了技术的目的，使技术偏离了正常发展的轨道。譬如，国内许多建筑师戏称央视新办公楼是"脱离地球引力的怪物"，但他们自己也在不断地制造类似的"怪物"，最后卷入了孰是孰非的漩涡。诚然，这种包装在理论上借助于现代技术是能够实现的，但这种巨额的包装是否就是设计者的唯一选择、是否物有所值等问题还有待商榷。

为了遏制过度包装，当今世界上许多发达国家开始通过立法来限制。例如，由于环境资源恶化，全球掀起了绿色包装浪潮，欧洲各国政府纷纷制定包装法。德国最早推崇包装材料回收，制定了循环经济法；丹麦率先实行了绿色税制度；韩国则把过度包装视为违法行为，对过度包装施行罚款。而我国没有这方面的规定，这在一定程度上助长了过度包装的歪风。换句话说，我国的过度包装之所以愈演愈烈，就是因为建筑市场发展得还不够完善，既缺乏具体的技术标准，又缺乏相应的法律法规。

因此，我国应尽快完善限制过度包装的法律制度，提倡建筑的适度包装。可采取以下措施。第一，标准控制。动员标准工作人员和各行业协会的力量，制定和实施建筑行业相关的强制性国家标准，从法律层面对包装进行强制"瘦身"。第二，经济手段控制。完全用行政命令强加限制，效果不一定理想，相关政府部门可采用经济手段进行干预，比如征收消费税、排放税（如一些城市对燃煤锅炉使用的范围与区域进行限制与引导）、资源损耗税（如建筑未达到其使用年限而提前拆迁）等等。第三，建立和扩大设计者与开发商的责任制度。设计者与开发商必须对建筑的性能负责，承担建筑从设计、建造到废弃对环境影响的全部责任。这样一来，产品链的各个阶段所产生的环境影响由政府、设计者、生产者和消费者等共同分担，从而达到平衡，也提高了全社会的整体消费意识。这是一种全新的制度，既有效地避免了资源的浪费和环境污染的扩大，又促进了技术的正常发展。

然而，在具体的建筑实践中，对过分包装的量化与界定比较困难，它牵扯到建筑的生产技术、工艺和成本核算，建筑的价格政策及价格制定的原则、消费者群体的定位和购买需要、人的欲望与购买力差异等多种因素，所以包装过度不是单从包装的材料或技术的档次来鉴定的，应从多方面来看待。由于包装涉及的范围很广，特别是涉及包装的高技术、低技术、中间技术及适宜技术等，它与市场需求有着密切的联系，诸多因素有时会使专家的讨论没有最终结果。但建筑师在观念上对此必须有所认识：高技术的目的无非是运用现代技术，使建筑更舒适、更适用、更经济，然而在亮丽的技术外表下，建筑师万万不可迷失自己，牢记技术终究是为主体服务的道理。

2）设计过程中的限额设计法——对造价额度的控制

一般说来，在初步设计阶段，影响工程造价的可能性为 75%~95%；

在技术设计阶段，影响工程造价的可能性为 35%—75%；在施工图设计阶段，影响工程造价的可能性为 25%—35%；而到了工程实施阶段，影响工程投资的可能性已经只有 5%—25%[24]。由此可见，控制工程造价的关键在于设计阶段，在建筑设计阶段可以有效地控制工程造价，但这也恰恰是我国工程建设中控制力度较为薄弱的环节。尤其在市场经济高速发展的今天，设计部门普遍存在重设计、轻经济的观念。一提到造价控制，不少建筑师想当然地认为那是概预算人员的工作，不少人更是将限额设计误解为计划经济时代的产物，埋怨限额捆住了建筑师的手脚。而且，每当自己的设计遭到批评和争议时，就拿出悉尼歌剧院、卢浮宫改造工程等（建筑远远超出预算的典型）来强调自己的作品在多年后人们将会看到其意义所在。为了建筑未来的惊世骇俗，现在最重要的工作就是说服甲方多花钱。但惊世骇俗并不是建筑的全部需求，最重要的还是要解决问题，更何况许多建筑多花了钱并没有达到预期的效果。

为了克服重技术轻经济、设计保守浪费、脱离国情的倾向，设计人员必须树立技术经济观念，推行限额设计。具体措施如下。

第一，通过投资分解和工程量的控制，确定限额，控制设计标准和规模。既要按照批准的设计任务书及投资估算控制初步设计及概算，按照批准的初步设计及总概算控制施工图设计及预算，又要在保证工程功能要求的前提下，按各专业分配的造价限额进行设计，保证估算、概算起到层层控制的作用，不突破造价限额[25]。这样横向控制和纵向控制相结合，责任落实到人，使设计人员由"画了算"转变为"算了画"，从根本上解决了长期不能有效杜绝的"三超"现象（概算超估算、预算超概算、结算超预算）。这样既实现了对投资限额的控制和管理，又实现了对设计规范、设计标准、工程数量、概预算指标等各方面的控制。

第二，加强设计人员的技术经济意识，实行设计质量的奖罚制度。根据建筑师应该研究开发项目的事前评价，思考如何运用自己掌握的专业知识为客户节约，把控制造价的观念渗透到设计的各个阶段。同时，在设计限额内，在保证安全和不降低功能的前提下，管理部门将采用新技术、新结构、新材料、新工艺所节约的资金，按一定比例分配给设计部门以资奖励；反之，对超投资限额的设计单位及个人给予一定的罚款，做到奖罚分明。

[24] 此处数据为设计经验值，各类相关文章对此皆有所罗列，虽有微差但总体范围相似。

[25] 原国家计委.《关于控制建设工程造价的若干规定》的通知（1988年1月8日）。

此外，从建筑师自身发展的角度来说，限额设计既是建筑师的义务，又是建筑师提高自身市场竞争力的手段。

显然，限额设计对目前建筑界流行的过度包装有着显著的调控作用，它可以减少设计过程中可能存在的缺陷与失误，提高设计质量，有效控制工程价格。但是，提倡限额设计并不是单纯地追求降低造价，也不是简单地将投资砍一刀，而是坚持科学地采用优化设计，使技术和经济紧密结合，严格按照设计任务书规定的投资估算做好多个方案的技术经济比较，力求以最少的投入，创造最大的效益。比如赫尔佐格和德梅隆在 2000 年汉诺威世博会组委会办公楼中综合运用了各种技术手段，最终将建筑的总投资控制在普通高层建筑造价的范围内。

6.4.3 设计过程中技术道德价值的创造

根据应用范围，价值论伦理学通常将价值分为"道德价值"和"幸福价值"。具有什么道德价值是由人或文化所决定的，幸福价值仅仅应用于对个体状态的讨论，常常包含在道德价值之中。技术价值也不例外，很多建筑师一直关注技术的道德价值，在自身体验中认知价值、助力他人实现价值。

1）通过附加值的创造，促进技术价值的最大化

用户越来越看重建筑外观所带来的视觉体验，开发商也越来越重视外观设计。但设计对于产品而言究竟意味着什么？设计师又借助怎样的手段保证设计能为市场接受呢？比较科学的设计方法是使技术对用户的价值最大化。

在流通过程中，产品必须经过交换才能实现其价值，人们通过产品的式样感知建筑的价值。建筑亦然，建筑效能必须通过其式样的展现为消费者感知，消费者通过式样的感知联想到建筑的功能，进行性价比权衡之后决定是否消费。从这个意义上讲，式样起源不是艺术运动，而是建筑性能与技术的表现。因此，建筑师需要重视技术的商业价值，尝试通过技术的表现，创造新的技术附加值，引导消费，增加生产者的生产效益。

利用技术的附加值促进销售，最早出现在汽车工业产品上，流线型运动就是其中一个较早成功的范例。最早的流线型起源于 19 世纪人们对自然生命的研究以及对鱼、鸟等有机形态的效能的欣赏。自从有了现代化的交通工具，就有人开始考虑造型与速度的关系，开创了空气动力学造型的研究。到 1900 年左右，出现了利用泪珠形式设计交通工具的探索。这种实验对两次世界大战期间欧洲的汽车设计产生了深远影响，特别是风洞实验为流线型提供了科学依据，进一步促进了流线型运动的发展。此后流线型运动逐渐影响到其他产品，包括建筑及其室内设计。如福斯特在英国伦敦所设计的子弹形摩天大楼，令人惊艳不已的 3D 建筑弧面绝非完全出于建筑师的个人喜好，它是经过严密的思考和风洞实验而来的。球形弧面可以使气流快速通过，避免了高楼风所带来的强大风阻。这种建筑弧面既是技术的一种自我阐述，又是建筑式样的一种突破。在人们直观感受技术附加值存在的同时，技术价值也得到了最大化的体现。

技术表现所带来的"附加值"能够引导消费，提高建筑的综合价值，但偏离了技术的内核，过度强调技术的表现会给设计带来一定的负面影响，设计上的"有计划的废止制度"就是一个典型。它通过设计式样的不断改变造成消费者的心理老化，其目的是促使消费者追逐新的式样潮流而放弃旧式样，不断地推动市场积极的推陈出新。这种促销方式是市场竞争的典型产物，通过这种商业性设计，生产者仅通过造型设计就能达到促销的目的，从而创造出庞大的市场。但是，为了达到最大营利，企业单纯地注重式样的改变，会使人们忽视产品功能，同时又造成了有限资源和能源的浪费。如在汽车设计领域，人们一味重视汽车外形式样的更换，造成了美国汽车从 20 世纪 30 年代起，一直到 80 年代初的重外形而轻汽车功能的问题，外形的变化多端确实促进了销售，但汽车的性能并没有得到正常的、同步的发展，因而，在 1972 年前后的能源危机中，美国汽车轻而易举地被外形简单、性能优异的日本汽车打败。

2）满足用户的潜在需求

对于一般商品来说，产品的消费主要取决于消费主体的消费能力，而作为产品的建筑则不尽相同。除了受消费能力影响之外，建筑消费的最显著的特征是：同一时间存在着不同的产品，同一消费者既可以在不同时刻改变对建筑的消费需求，又可以在同一时期消费不同功效的建筑产品。这就客观要求建筑具备不同的技术性能以适应消费层次的不断变化，满足用户的潜在需求。

一方面，针对不同的消费者，选择适宜的技术，对技术的性能进行必要的或不必要的、基本的或辅助的、过剩的或不足的界定。譬如，技术的选择因消费者所在地区而异。由于生产力的发展不平衡、地区主导气候的差异，技术经济条件、历史文化背景等方面相同或相近的不同地区，在技术的选择上可能产生新的差异。另一方面，给技术预留一定的量，以满足消费者在不同时期对建筑的潜在需求。由于消费者需求的间断性（对同一消费者来说，其建筑需求不是连续发生的，而是断断续续地发生的），他再次需求的时间间隔有时会很长。如根据建筑所容纳人数的增减，将建筑设备的容量适度加大，但须注意把握好度，否则会带来极大的浪费。

3）强化技术的日常生活性

在探讨技术问题时，人们通常会格外关注成本、价格和产品的结构，却忽略了一个重要的事实——进化中的生活方式在很大程度上影响和创造着新的市场需求。如简·雅各布斯在她的《美国大城市的死与生》一书中说，"设计一座梦幻城市容易，而要塑造一个活生生的城市却煞费思量"。因此，技术必须关注大众的日常生活，引导人们对生活方式进行选择，通过设计改善人们的生活质量，强调设计应适合人们的实际需要，注重解决人们生活的基本问题，反对人为浪费资源与能源。

如优良设计就具有一定的代表性。优良设计包含着深层次的社会文化内涵，它将诚挚的设计与建立良好的社会道德秩序联系起来。它强调以简洁、朴素、严谨的形式实现功能的原则，既体现了新时代的崭新生活，又显示出温文尔雅的建筑形象。它在某种程度上成为产品的一种评价标准。优良设计的提倡者诺伊斯认为："优良设计无时无地不表现出设计师的审美能力和良好的理性，这里没有任何添枝加叶式的装饰，产品应该表里一致。"其后继者考夫曼进一步说："人们以为现代设计的主要目标是加速销售，销售量大即是优良设计，这其实是一种误解，在设计中，销售只是一段插曲，有用才是主要的。"同时，他也承认："优良设计并不体现我们设计师所能做出的最好设计，只是表明了设计师能够得到社会认可的最好设计——因为可买卖的产品是有限制的。"[26] 可见，合理的设计在注重产品功能的

[26]　张晶. 设计简史[M]. 重庆: 重庆大学出版社, 2004: 95–97.

同时，还需依赖消费者的兴趣和市场的运作做出相应的让步与妥协。

6.5 本章小结

本章在技术—市场—社会的互动之中，对技术价值的评价主体进行了逐一分析，以期把握当前国内技术价值观念的总体走向；在此基础上，笔者提出如下策略：选择与应用适宜的技术，在限定价格的范围内，力求使建筑达到高性价比，且符合一定道德标准（个人审美、伦理价值等），以满足不同层次消费者的特定需求。

（1）人们对需求和价值评价主体认知的不同，直接导致了价值取向的偏差。当前，一次次价值观念的变化带来一次次建筑信念的危机和评价标准的混乱，这正向人们表明了这一点。

（2）如果两幢建筑物功能相同（相近），即使投入的成本不同，它们的价值也应该相同（相近）。

（3）控制工程造价的关键在于设计阶段，在建筑设计阶段可以有效地控制工程的造价，但这也恰恰是我国工程建设中控制力度较为薄弱的环节。

（4）技术必须关注大众的日常生活，引导人们对生活方式进行选择，通过设计改善人们的生活质量，强调设计应适合人们的实际需要，注重解决人们生活的基本问题，反对人为浪费资源与能源。

7 结语：走向整合的建筑技术的研究

目前，建筑技术常常被国内建筑师看作为一种工具或手段，为了达到人们所需要的目的，各种不同类型的技术应运而生，如高技术、低技术、中间技术、适宜技术等。特别是适宜技术（也有人称之为适用技术），被国内不少建筑师看是一根救命稻草，成为解决一切疑难杂症的万能钥匙。这表现为两种常见的不良倾向。其一，一些建筑师打着适宜技术的幌子，心安理得地选择和应用着所谓的地方的、民族传统的技术，而对外来技术，特别是对高技术、新技术缺乏专研的热情与动力。久而久之，建筑师对高新技术知识的储备不够，当面对一些特大型或技术复杂的建筑时显得力不从心。其二，在工程实践中，受国内技术规范、标准等的制约以及社会意识形态的影响（如没有涉及传统工艺的建筑法规与标准，也就没有设计、审查与批准的依据），他们所选择和应用的适宜技术往往不能实现，便对当前的技术制度妥协，这样就难以吸收地方与传统技术的精髓。最终，他们既丢掉了传统的建筑工艺，又没能真正掌握现代的建筑技术。对此现象，一些建筑师又将适宜技术归纳为一种策略而非一种具体的手段，但笔者认为，策略仍是一种随意性较强的手段，既然是手段便有有用与无用之分，这种观念类似于狐狸策略，值得商榷。所以，技术不是单纯的工具和手段，而是技术展现的一种方式，任何手段被纳入技术，只是因为这种手段的运用适合技术已经开辟的世界。我们对建筑技术的研究不能仅停留于器物范畴，还应对凝聚于器物中的技术制度与价值形态进行研究。

1）器物、制度与观念的整合

（1）建筑师应注重传统技术的传承与延续。中国古代建筑建立在有深厚渊源的传统工艺的基础上，正是在工艺技巧中蕴涵着创造力最初的源泉，中国古代建筑艺术因此在世界舞台上独树一帜。所以我们需要挖掘传统技术的潜力，抓住传统工艺的理念精髓，而不是单纯地"借尸还魂"。成熟技术的改进可以在一定程度上延缓市场的萎缩，但它的潜力和进化速度远远赶不上新技术。当前，我们应直接面对建筑的环境需求，借鉴因借、体宜等诸多优秀传统工艺的技术传统，将经验化的被动技术系统化、理性化，扬长避短，尽量通过建筑的自身设计，解决或缓解建筑实践过程中所碰到的问题。另外，无论是外来的还是本民族的，只要是符合我国国情、可以接受的或需要的技术，就应积极地加以利用。

（2）目前，国内建筑师将现行技术标准当作"上谕"，只有一味地妥协，没有任何抗争，最终只能倒在游戏规则的舞台上。这一方面反映了国内建筑师对技术制度的重要性认识不足，放弃制定游戏规则的主动权；另一方面也表明了国内建筑师的设计思想仍较狭隘。如国外建筑师没有将施工从设计过程中分离出来，而中国建筑师在做设计时却很少考虑施工。比如中国建筑师完全不必考虑幕墙的构造设计，这些都是由幕墙公司来完成的。这样做的建筑是分割开的，并不是一个整体，因为这中间牵扯到很多技术法规与标准。与其说是建筑师很少考虑，不如说是建筑师由于技术知识储备不够而无法考虑。我国建筑师将专业的关注仅局限于设计，而国外一些建筑师除此之外还从事景观美化、内部装饰，甚至家用器皿设计（图7-1）。所以，新的技术制度会为新的设计技巧和替代性技术开辟市场。那些具有新思维和技术意识的建筑师将越来越受欢迎，而那些坚持旧的技术意识和设计模式的建筑师将逐渐被淘汰。这也对我国当代建筑师的培训和继续教育提出了挑战。

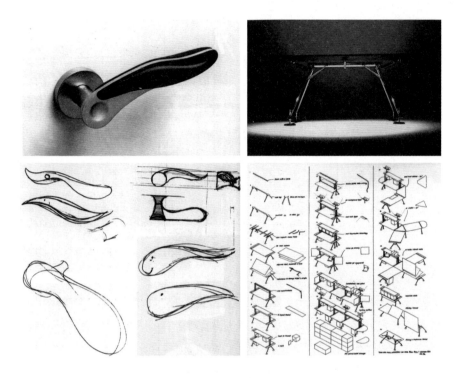

图7-1 （左）诺曼·福斯特为富尔泰西公司设计的门把手（把手形状的灵感来自诺曼·福斯特偶然发现的德国马格德堡大教堂门上的鸟形把手）
（右） 诺曼·福斯特为泰克诺公司设计的诺莫斯桌子

（3）技术的选择与应用离不开参与者的意识导向，建筑师需要在技术—市场—社会的互动中认知技术的价值所在。正如意大利设计师索特萨斯认为，设计了某一类物品时，实际上也是设计了一种生活方式，应该给狭隘的设计观念赋予更多新的产品内涵，产品不仅是使用功能的工具，而且应该是一种自觉的信息载体，应该赋予它一定的语义含义[1]。

2）建筑师与"匠"的整合

如果我们只将自己的视野固定在工艺技术上而不承认手工艺人在社会作用中的多变性，我们将无法理解工艺的真正历史[2]。同样，作为技术的灵魂与载体，营造者是技术活动得以成立的前提，是技术活动的核心。但在国内相关建筑技术的研究中，营造者常被忽略。目前，涉及地方技术、生态技术、高技术等的相关论题日趋渐多，然而对营造者的作用则三言两语一带而过。事实上，正是这些营造者的思维特点、活动方式、价值取向最终决定了技术发展的进程。

[1] 张晶. 设计简史 [M]. 重庆: 重庆大学出版社, 2004: 130.

[2] 爱德华·卢西—史密斯. 世界工艺史 [M]. 朱淳, 译. 杭州: 浙江美术学院出版社, 1993: 2.

（1）营造者是一个具有合理级配的组合群体。

在传统匠作系统中，传统的"匠"分为三类：一为官制工匠，多由知识分子承传，二为技术工人出身收编为官制工匠的基层，三为民间专业分工下的职业社群，有明确的师徒制与祭祀仪礼[3]。同时，根据职务作用、控制力、熟练程度等的不同，"匠"又可分为四类：一为"大匠"（如"匠作大监""大匠""少匠""执篙尺大木师傅"等），类似于工程负责人；二为"专业匠师"（各专业分工的熟练师傅，如木工师傅、瓦工师傅、漆工师傅等），类似于目前专业工程师；三为"半工匠"，是介于"匠"于"工"之间的重要中间人，他们对工法的传承较不精确，却有较高的就地取材的能力及应变能力，他们是众多建筑、特别是大量普通民宅的生产主力之一；四为"工"（如杂工、小工），主要指简单的体力劳动者，也有人将"工"从"匠"的范畴中分割出来，以示"工"与"匠"的区分，如"知者创物，巧者述之，守之于世，谓之工。百工之事，皆圣人之作"，显然，"匠"与"工"不同，"匠"具有整合性较高的社会职责。从大匠、匠及半工匠到杂工，由上而下人员分布呈腰鼓形或半锥形，其中，人数众多的"半工匠"（业余工匠或农闲工匠）对工法的传承不太精确，却有极高的就地取材能力及应变能力，他们通常会以其熟悉的方法快速地完成任务，这些匠师共同构筑成一个具有级配的组合群体，形成了中国古代独具特色的匠师文化（图7-2）。

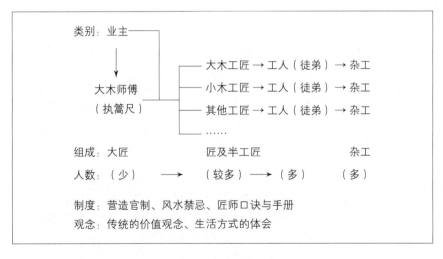

图7-2 中国传统的匠作系统

[3] 余同元：传统工匠及其现代转型界说 [EB/OL]. 2007-08-22, www.xinfajia.net/3515.html

之后，随着现代建筑技术体系的建立，各类"营造者"的角色发生了变化。传统的"大匠"与"专业匠师"演变成为现代意义上的建筑师、专业工程师，一般意义上的"匠"逐渐萎缩而沦为单纯的施工者。而在中国，这种变化更为彻底，"营造者"的角色趋向两极，即专业技术人才与单纯的施工者，传统"半工匠"的角色逐渐消失，营造者的组合缺少了一定的级配。从设计师、工地技术人员到民工，由上而下人员分布呈亚铃形，设计师所承担的任务涵盖所有施工技术，但他们对这样的工作并不熟悉，而工匠（以打工的民工为主，学习时间一般较短，师徒关系较不密切）的技术又不断退步，常有配合不良的情况发生。工匠不是逐渐萎缩，就是沦为民工的代名词，缺乏足够的"半工匠"（图7-3）。事实上，没有"半工匠"的支持，许多技术革新计划很难得到切实有效地推行；而且，没有这些"半工匠"的存在，性能化技术规范的制定与实施也是一相情愿。受传统观念学而优则仕的影响，国内建筑类的技术学校与职业学校办学目标趋同于普通综合性大学，偏离其办学特色，导致高级技师（"半工匠"）的培训严重不足，这也是目前我国建筑技术整体水平不高的原因之一。

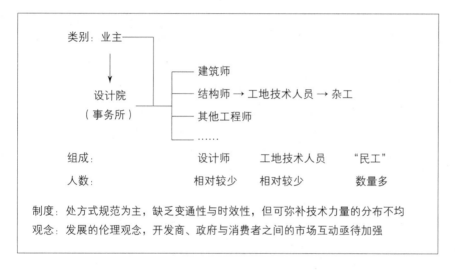

图 7-3 中国现代的建筑技术系统

（2）建筑师与"匠"的整合

"工业与工艺之间的差异，主要并不取决于它们各自使用的工具之间的差异，更主要的原因是，工业中的劳动分工与工艺中的劳动合作就不是一回事。"[4] 当今，国内建筑师往往画地为牢，将建筑师的社会责任与工作范围无限扩大，似乎又恢复为以往那种全能的多面手，不少建筑师在多角色的转换中常常迷失自我，忘却自己"匠"的本来面目。正如包豪斯认为："建筑师们、画家们、雕塑家们，我们必须回归手工艺！因为职业艺术这种东西不存在。艺术家与工匠之间并没有什么根本的不同。艺术家就是高级的工匠。由于天恩照耀，在出乎意料的某个灵光乍现的倏忽间，艺术会不经意地从他的手中绽放开来，但是，每个艺术家都首先必须具备手工艺

[4] 弗兰克·惠特福德.包豪斯[M]. 林鹤，译. 北京：生活·读书·新知 三联书店，2001：224.

的基础。正是在工艺技巧中，蕴涵着创造力最初的源泉。"[5]而且，在不能侈望出现理想的"匠"的情况下，建筑师为何不能扮演好这种角色？当然，在中国这种观念的转变仍需经历很长一段时期。

我们不能指望建筑师像"救世主"那样能改变更多的东西，但也不至于像美国建筑师菲利普·约翰逊所说的那样："我读过你的书，而且我完全同意你的观念，但是我就像一个妓女一样，他们付高价让我替他们盖高层建筑。搭电梯是一个人一生中最令人厌恶的事，我也不知道有什么必要。这个世界的空间已经够了。如果你飞越这个国家，会怀疑人都到哪去了。"在"救世主"与"妓女"之间，建筑师的价值观是矛盾的，有些事既不愿意做，但又不得不做。然而，建筑师可以去思考与选择，在技术的应用与选择上也同样如此。

总之，建筑技术的新生与衰亡、保留与淘汰、传承与转换是我们永远面临的挑战和命题，建筑师应该恰如其分地表达技术环境因为岁月流逝而带来的时空梯度和新陈代谢，既不是一味地对传统的照搬仿造，也不是无依据、无源流脉络的所谓创新。

[5] 弗兰克·惠特福德.包豪斯[M].林鹤，译.北京:生活·读书·新知 三联书店，2001: 221.

参考文献

1. P.L. 奈尔维. 建筑的艺术与技术 [M]. 黄运昇，译. 北京：中国建筑工业出版社，1983.

2. S.E. 拉斯姆森. 建筑体验 [M]. 刘亚芳，译. 北京：中国建筑工业出版社，2003.

3. 布赖恩·爱德华兹. 可持续性建筑 [M]. 周玉鹏，宋晔皓，译. 北京：中国建筑工业出版社，2003.

4. 尼古拉斯·佩夫斯纳. 现代建筑与设计的源泉 [M]. 殷凌云，等译. 北京：生活·读书·新知三联书店，2001.

5. 安藤忠雄. 安藤忠雄论建筑 [M]. 白林，译. 北京：中国建筑工业出版社，2003.

6. 戴维·皮尔逊. 新有机建筑 [M]. 董卫，等译. 南京：江苏科学技术出版社，2003.

7. 比得·柯林斯. 现代建筑设计思想的演变 1750–1950[M]. 英若聪，译. 北京：中国建筑工业出版社，1986.

8. 英格伯格·弗拉格,等.托马斯·赫尔佐格建筑 + 技术 [M].李保峰,译.北京:中国建筑工业出版社,2003.

9. 海德格尔.人,诗意地安居:海德格尔语要 [M].郜元宝,译.桂林:广西师范大学出版社,2000.

10. 村松贞次郎.日本建筑技术史 [M].东京:地人书馆,1959.

11. 贝尔纳·斯蒂格勒.技术与时间:爱比米修斯的过失 [M].裴程,译.南京:译林出版社,2000.

12. R.舍普.技术帝国 [M].刘莉,译.北京:生活·读书·新知三联书店,1999.

13. 冈特·绍伊博尔德.海德格尔分析新时代的技术 [M].北京:中国社会科学出版社,1993.

14. 克里斯·亚伯.建筑与个性:对文化和技术变化的回应 [M].张磊,司玲,等译.北京:中国建筑工业出版社,2002.

15. 纳贾拉简.建筑标准化 [M].苏锡田,译.北京:技术标准出版社,1982.

16. 比得·柯林斯.现代建筑设计思想的演变 1750–1950[M].英若聪,译.北京:中国建筑工业出版社,1986.

17. 伦纳德 R.贝奇曼.整合建筑:建筑学的系统要素 [M].梁多林,译.北京:机械工业出版社,2005.

18. 戴维·纪森.大且绿:走向 21 世纪的可持续建筑 [M].林耕,刘宪,姚小琴,译.天津:天津科技翻译出版公司,2005.

19. 琳恩·伊丽莎白,卡萨德勒·亚当斯.新乡土建筑:当代天然建造方法 [M].吴春苑,译.北京:机械工业出版社,2005.

20. 普法伊费尔.砌体结构手册 [M].张慧敏,等译.大连:大连理工大学出版社,2004.

21. 彰国社.国外建筑设计详图图集 14:光·热·声·水·空气的设计——人居环境与建筑细部 [M].李强,张影轩,译.北京:中国建筑工业出版社,2005.

22. 彰国社.国外建筑设计详图图集 13:被动式太阳能建筑设计 [M].任子明,等译.北京:中国建筑工业出版社,2004.

23. 理查德·韦斯顿.材料、形式和建筑 [M].范肃宁,陈佳良,译.北京:中国水利水电出版社,2005.

24. 诺伯特·莱希纳.建筑师技术设计指南:采暖·降温·照明 [M].张利,等译.北京:中国建筑工业出版社,2004.

25. 玛丽·古佐夫斯基.可持续建筑的自然光运用 [M].汪芳,等译.北京:中国建筑工业出版社,2004.

26. 理查德·罗杰斯,菲利普·古姆齐德简.小小地球上的城市 [M].仲德崑,译.北京:

中国建筑工业出版社，2004.

27. 肯尼斯·弗兰姆普敦. 现代建筑: 一部批判的历史 [M]. 北京: 生活·读书·新知三联书店，2012.

28. 久洛·谢拜什真. 新建筑与新技术 [M]. 肖力春，李朝华，译. 北京: 中国建筑工业出版社，2005.

29. 雷德侯. 万物: 中国艺术中的模件化和规模化生产 [M]. 张总，译. 北京: 生活·读书·新知三联书店，2005.

30. 卢西 – 史密斯. 世界工艺史: 手工艺人在社会中的作用 [M]. 朱淳，译. 杭州: 浙江美术学院出版社，1993.

31. 弗兰克·惠特福德. 包豪斯 [M]. 林鹤，译. 北京: 生活·读书·新知三联书店，2001.

32. 杰夫里·怀特海德. 经济学 [M]. 王晓秦，译. 北京: 新华出版社，2000.

33. 迪恩·霍克斯，韦恩·福斯特. 建筑、工程与环境 [M]. 张威，等译. 大连: 大连理工大学出版社，2003.

34. L. 本奈沃洛. 西方现代建筑史 [M]. 邹德侬，等译. 天津: 天津科学技术出版社，1996.

35. 斯泰里奥斯·普莱尼奥斯. 可持续建筑设计实践 [M]. 纪雁，译. 北京: 中国建筑工业出版社，2006.

36. 勒·柯布西耶. 走向新建筑 [M]. 陈志华，译. 2 版. 西安: 陕西师范大学出版社，2004.

37. 维特鲁威. 建筑十书 [M]. 高履泰，译. 北京: 知识产权出版社，2001.

38. 中国科学院自然科学史研究所. 中国古代建筑技术史 [M]. 北京: 科学出版社，1985.

39. 刘叙杰. 中国古代建筑史第一卷 [M]. 北京: 中国建筑工业出版社，2009.

40. 傅熹年. 中国古代建筑史第二卷 [M]. 北京: 中国建筑工业出版社，2001.

41. 郭黛姮. 中国古代建筑史第三卷 [M]. 北京: 中国建筑工业出版社，2003.

42. 潘谷西. 中国古代建筑史第四卷 [M]. 北京: 中国建筑工业出版社，2001.

43. 孙大章. 中国古代建筑史第五卷 [M]. 北京: 中国建筑工业出版社，2002.

44. 《中国建筑史》编写组. 中国建筑史（第三版）[M]. 北京: 中国建筑工业出版社，1996.

45. 陆建初. 智巧与美的形观: 中西建筑文化比较 [M]. 上海: 学林出版社，1991.

46. 沙永杰. "西化"的历程: 中日建筑近代化过程比较研究 [M]. 上海: 上海科学技术出版社，2001.

47. 张彤. 整体地区建筑 [M]. 南京: 东南大学出版社，2003.

48. 李海清 . 中国建筑现代转型 [M]. 南京：东南大学出版社，2004.

49. 崔勇 . 中国营造学社研究 [M]. 南京：东南大学出版社，2004.

50. 周昌忠 . 中国传统文化的现代性转型 [M]. 上海：上海三联书店，2002.

51. 吕爱民 . 应变建筑：大陆性气候的生态策略 [M]. 上海：同济大学出版社，2003.

52. 张良皋 . 匠学七说 [M]. 北京：中国建筑工业出版社，2002.

53. 王荔 . 中国设计思想发展简史 [M]. 长沙：湖南科学技术出版社，2003.

54. 陈瑞林 . 中国现代艺术设计史 [M]. 长沙：湖南科学技术出版社，2002.

55. 李允鉌 . 华夏意匠：中国古典建筑设计原理分析 [M]. 天津：天津大学出版社，2005.

56. 司马云杰 . 文化价值论：关于文化建构价值意识的学说 [M]. 西安：陕西人民出版社，2003.

57. 韦森 . 文化与制序 [M]. 上海：上海人民出版社，2003.

58. 李约瑟原 . 中华科学文明史 [M]. 上海：上海人民出版社，2014.

59. 潘鲁生 . 民艺学论纲 [M]. 北京：北京工艺美术出版社，1998.

60. 邹德侬 . 中国现代建筑史 [M]. 天津：天津科学技术出版社，2001.

61. 邹珊刚 . 技术与技术哲学 [M]. 北京：知识出版社，1987.

62. 辞海编辑委员会 . 辞海：1989 版 [M]. 上海：上海辞书出版社，1989.

63. 易晓 . 北欧设计的风格与历程 [M]. 武汉：武汉大学出版社，2005.

64. 张利 . 信息时代的建筑与建筑设计 [M]. 南京：东南大学出版社，2002.

65. 钱平凡 . 组织转型 [M]. 杭州：浙江人民出版社，1999.

66. 刘文海 . 技术的政治价值 [M]. 北京：人民出版社，1996.

67. 翟光珠 . 中国古代标准化 [M]. 太原：山西人民出版社，1996.

68. 杨瑾峰 . 工程建设标准化实用知识问答 [M]. 北京：中国计划出版社，2002.

69. 建设部标准定额司 . 工程建设标准体系（城乡规划、城镇建设、房屋建筑部分）[M]. 北京：中国建筑工业出版社，2003.

70. 王治河 . 全球化与后现代性 [M]. 桂林：广西师范大学出版社，2003.

71. 郑时龄 . 建筑批评学 [M]. 北京：中国建筑工业出版社，2001.

72. 李砚祖 . 产品设计艺术 [M]. 北京：中国人民大学出版社，2005.

73. 李立新 . 设计概论 [M]. 重庆：重庆大学出版社，2004.

74. 李立新 . 中国设计艺术史论 [M]. 天津：天津人民出版社，2004.

75. 王前，金福 . 中国技术思想史论 [M]. 北京：科学出版社，2004.

76. 大师系列丛书编辑部 . 赫尔佐格和德梅隆的作品与思想：大师系列 [M]. 北京：中国电力出版社，2005.

77. 中国建筑工业出版社，北京中新方建筑科技研究中心，清华大学建筑玻璃与金属结构研究所. 新建筑新材料新技术（001）[M]. 北京：中国建筑工业出版社，2004.

78. 汪芳. 查尔斯·柯里亚 [M]. 北京：中国建筑工业出版社，2003.

79. 张钦楠. 建筑设计方法学 [M]. 西安：陕西科学技术出版社，1995.

80. 张晶. 设计简史 [M]. 重庆：重庆大学出版社，2004.

81. 吴焕加. 建筑的过去与现在 [M]. 北京：冶金工业出版社，1987.

82. 住房和城乡建设部强制性条文协调委员会. 工程建设标准强制性条文：房屋建筑部分 [M]. 北京：中国建筑工业出版社，2013.

83. 段伟文. 被捆绑的时间：技术与人的生活世界 [M]. 广州：广东教育出版社，2001.

84. 美国绿色建筑委员会. 绿色建筑评估体系：第二版 [M]. 彭梦月，译. 北京：中国建筑工业出版社，2002.

85. 远德玉，陈昌曙. 论技术 [M]. 沈阳：辽宁科学技术出版社，1986.

86. 黄如宝. 建筑经济学 [M].2 版. 上海：同济大学出版社，1998.

87. 张凌浩. 产品的语意 [M]. 北京：中国建筑工业出版社，2005.

88. 孙启霞，金宁. 价值工程：动态不对称法 [M]. 深圳：海天出版社，1997.

89. 谭浩邦，杨明. 新编价值工程 [M]. 广州：暨南大学出版社，1996.

90. 王受之. 世界现代设计史 [M]. 北京：中国青年出版社，2002.

91. 蔡军.《工程做法则例》中大木设计体系 [M]. 北京：中国建筑工业出版社，2004.

92. 陈保胜. 建筑构造资料集（上）[M]. 北京：中国建筑工业出版社，1994.

93. 陈世良. 上了建筑旅行的瘾 [M]. 北京：生活·读书·新知三联书店，2005.

94. 夏青山. 城市建筑的生态转型与整体设计 [M]. 南京：东南大学出版社，2005.

95. MartinP. Norman Foster ——A global architecture[M]. London：Thames & Hudson，1999.

96. Frampton K， Cava J， Graham Foundation for Advanced Studies in the Fine Arts. Studies in tectonic culture： the poetics of construction in nineteenth and twentieth century architecture[M]. Cambridge， Mass： MIT Press， 1995.

97. Yeang K. The green skyscraper： The basis for designing sustainable intensive buildings[M]. Munich：Prestel Verlag，1999.

98. Richards I. T.R.Hamzah & Yeang：ecology of the sky[M]. Australia： The Imames Publishing Group Pty Ltd ，2001.

99. Eugene T. Evolutionary architecture: nature as a basis for design [M]. New York: Wiley，1999.

100. Goodman L G. Low cost housing technology[M]. Oxford：Pergamon Press，1979.

101.David G. Big & Green toward sustainable architecture in the 21st century[M] . New York：Princeton Architectural Press，2003.

102.Klaus D. Low-tech light-tech high-tech：building in the information age[M]. Cambridge：MIT Press，1993.

103.Margaret C W. Architecture and technology: the best of environmental design[M]. New York：Pbc Intl，1995.

104.Carl M. Thinking through technology： the path between engineering and philosophy. Chicago： The University of Chicago Press，1994.

105.Franck I M， Brownstone D M. Builders (Work Throughout History) [M]. New York：Facts On File Inc， 1986.

106. 秦佑国. 中国建筑艺术需要召唤传统文化 [N]. 广东建设报，2004-6-18（B02）.

107. 覃力. 现代建筑创作中的技术表现 [J]. 建筑学报，1999(7)：47-52.

108. 秦佑国. 建筑技术概论 [J]. 建筑学报，2002(7)：4-8.

109. 切莱斯蒂诺·索杜，刘临安. 变化多端的建筑生成设计法：针对表现未来建筑形态复杂性的一种设计方法 [J]. 建筑师，2004(6)：37-48.

110. 王群. 解读弗兰普顿的《建构文化研究》[J]. A+D 建筑与设计，2001（2）：69-80.

111. 周榕. 知识经济时代建筑师角色解放与价值回归 [J]. 建筑学报，2000(1)：53-55.

112. 吴焕加. 现代化·国际化·本土化 [J]. 建筑学报，2005（1）:10-13.

113. 课题研究组. 国外建筑技术法规与技术标准体制的研究 [J]. 工程勘察，2004，32(1)：7-10.

114. 王竹，贺勇，魏秦，等. 关于绿色建筑评价的思考. 浙江大学学报（工学版）[J]. 2002，36(6)：61-65.

115. 李保峰. "生态建筑" 的思与行：托马斯·赫尔佐格教授访谈 [J]. 新建筑，2001(5)：35-38.

116. 王毅. 香积四海：印度建筑的传统特征及其现代之路 [J]. 世界建筑，1990(6)：15-21.

117. 夏菁， 黄作栋. 英国贝丁顿零能耗发展项目 [J]. 世界建筑，2004（8）：76-79.

118. 谢天. 零度的建筑制造和消费体验：一种批判性分析 [J]. 建筑学报，2005(1)：27-29.

119. 杨玉涛. 贝聿铭的设计方法及启示 [J]. 城市建设理论研究，2012(30)：16.

120. 沈纹，倪照鹏. 美国建筑标准体制和消防情况一瞥 [J]. 消防科学与技术，2000(1)：21-22.

121. 梅秀娟. 建筑物性能化消防设计方法及其应用情况 [J]. 消防技术与产品信息，2004(8)：8-10.

122. 雷冯近. 中美日绿色建筑评价标准对比研究 [J]. 城市建筑，2022(4)：161-164.

123. 林冠球 . 建筑功能评价与建筑价值评估 [J]. 中国资产评估，2005(2)：35-37.

124. 李路明 . 国外绿色建筑评价体系略览 [J]. 世界建筑，2002(5)：68-70.

125. 卢圆华 . 中国民居建筑知识论——明清时期"主·匠兴造"的理论研究 [D]. 台湾：国立成功大学建筑研究所，2000.

126. 俞传飞 . 分化与整合数字化背景（前景）下的建筑及其设计 [D]. 南京：东南大学，2002.

127. 胡京 . 存在与进化：可持续发展的建筑之模型研究 [D]. 南京：东南大学，1998.

128. 陈晓扬 . 基于地方建筑的适用技术观研究 [D]. 南京：东南大学，2004.

129. 戴路 . 经济转型时期建筑文化震荡现象五题 [D]. 天津：天津大学，2004.

130. 周进 . 城市公共空间建设的规划控制与引导——塑造高品质城市公共空间的研究 [D]. 上海：同济大学，2002.

131. 傅筱 . 当前我国建筑师的技术选择观研究 [D]. 南京：东南大学，2005.

132. 杨瑾峰 . 工程建设技术法规与技术标准体制研究 [D]. 哈尔滨：哈尔滨工业大学，2003.

133. 范炜 . 城市居住用地区位研究 [D]. 南京：东南大学，2003.

134. 徐明前 . 上海中心城旧住区更新发展方式研究 [D]. 上海：同济大学，2004.

135. 徐小东 . 基于生物气候条件的绿色城市设计生态策略研究 [D]. 南京：东南大学，2005.

136. 张十庆 . 部分与整体——中国古代建筑模制发展的两大阶段 [R]. 东亚建筑史论坛，南京，2004.

137. 中华人民共和国建设部，国家质量监督检验检疫总局 . 屋面工程技术规范：GB 50345—2004[S]. 北京：中国建筑工业出版社，2004.

138. 朱涛 . 计算推进建筑革命 . [EB/OL]. https://www.doc88.com/p-499333897208.html，2012-07-11.

139. 墅城会 . 建筑界的毕加索 [EB/OL].https://www.sohu.com/a/300605301_696292，2019-03-12.

140. 南风窗 . 彼得艾森曼的解构主义建筑：建筑可以很哲学的 [EB/OL].https://news.sina.com.cn/c/2005-02-23/16315917023.shtml，2005-02-23.

141. 从基因到设计 - 索杜教授和他的生成设计方法 . [EB/OL].https://wenku.baidu.com/view/f75766607b3e0912a21614791711cc7931b778d2.html?_wkts_=1693399007690&bdQuery= 从基因到设计 - 索杜教授和他的生成设计方法 .

142. 余同元 . 传统工匠及其现代转型界说 [EB/OL]. www.xinfajia.net/3515.html ,2007-08-22.

143. 缪朴 . 什么是同济精神？—— 论重新引进现代主义建筑教育 [J]. 时代建筑，2004(6)：38-43.

144. 现代建筑屋顶与建筑的自然通风 [EB/OL]. https://www.doc88.com/p-0542881128786.html，2018-02-06.

图表索引

1996

图 4-12 左图：彰国社. 国外建筑设计详图图集 14：光·热·声·水·空气的设计——
人居环境与建筑细部 [M]. 李强，张影轩，译. 北京：中国建筑工业出版社，
2005，54

中图：《中国建筑史》编写组. 中国建筑史（第三版）[M]. 北京：中国建筑
工业出版社，1996，220

右图：中华人民共和国建设部，中华人民共和国国家质量监督检验检疫总局.
屋面工程技术规范：GB 50345—2004[S]. 北京：中国建筑工业出版社，
2008，68

图 4-13 迪恩·霍克斯，韦恩·福斯特. 建筑、工程与环境 [M]. 张威，等译. 大连：
大连理工大学出版社，2003,87

图 4-14 夏菁，黄作栋. 英国贝丁顿零能耗发展项目 [J]. 世界建筑，2004(8)，76-79.

图 4-15 洪悦双层换气幕墙的典型类别与节能效益分析 [J]. 建筑学报 .2006(2)，35-
36

图 4-16 布来恩·爱德华兹. 可持续性建筑 [M]. 周玉鹏，等译. 北京：中国建筑工业
出版社，2003，60

图 4-17 布来恩·爱德华兹. 可持续性建筑 [M]. 周玉鹏，等译. 北京：中国建筑工业
出版社，2003，78

图 4-18 自绘

图 4-19 诺伯特·莱希纳. 建筑师技术设计指南——采暖·降温·照明 [M]. 张利，等
译. 北京：中国建筑工业出版社，2004，456-457

图 4-20 诺伯特·莱希纳. 建筑师技术设计指南——采暖·降温·照明 [M]. 张利，等
译. 北京：中国建筑工业出版社，2004，47

图 4-21 彰国社. 国外建筑设计详图图集 14：光·热·声·水·空气的设计——人
居环境与建筑细部 [M]. 李强，张影轩，译. 北京：中国建筑工业出版社，
2005，46

图 4-22 《中国建筑史》编写组. 中国建筑史（第三版）[M]. 北京：中国建筑工业出版社，
1996

图 4-23 诺伯特·莱希纳. 张利等译. 建筑师技术设计指南——采暖·降温·照明 [M].
北京：中国建筑工业出版社，2004，461

图 4-24 戴维·纪森. 大且绿：走向 21 世纪的可持续性建筑 [M]. 林耕，等译. 天津：
天津科技翻译出版社公司，2005，43

图 4-25 理查德·罗杰斯，菲利普·古姆齐德简. 小小地球上的城市 [M]. 仲德崑，译

图 5-4 笔者拍摄于中国台湾

图 5-5 笔者拍摄于中国台湾

图 5-6 自绘

图 5-7 自绘

图 5-8 自绘

表 5-1 笔者据相关文献整理而成

表 5-2 笔者据相关文献整理而成

表 5-3 笔者据相关文献整理而成

表 5-4 笔者据相关文献整理而成

表 5-5 笔者据相关文献整理而成

图 6-1 笔者拍摄

图 6-2 大师系列丛书编辑部. 赫尔佐格和德梅隆的作品与思想 [M]. 北京：中国电力
     出版社，2004，51

图 6-3 史蒂文·霍尔设计的圣伊格内修斯教堂 [EB/OL]. https://www.stevenholl.com/
     category_projects/religious/

图 6-4 日本 2005 年爱知世界博览会官网 [EB/OL]. www.expo2005.or.jp/jp/

图 6-5 自绘

图 7-1 Images 出版社. 世界建筑大师优秀作品集锦：诺曼·福斯特 [M]. 北京：中国
     建筑工业出版社，1999，210-211

图 7-2 自绘

图 7-3 自绘

致谢

选择这样一个课题作为跨学科理论和方法研究，一方面出于个人对于传统建筑技术研究的浓厚兴趣，另一方面也确实感到这类研究的重要性和必要性。然而，真正进入研究与写作状态时，方觉得这项研究实在不容易。建筑技术的研究涉及诸多制造业、制度、人文价值的知识体系，同时还需将中西方建筑技术进行比较研究，对于仅有工科建筑学背景的我来说，其难度和艰辛是始料未及的。幸运的是，在研究过程和文稿写作过程中，得到了许多人的支持和帮助，在此文稿完成之际，仅此一页表达我由衷的感激。

首先要感谢的是仲德崑教授。先生渊博的知识修为，孜孜不倦、勤勉而高效的工作作风一直令学生钦佩不已。文稿从最初选题至今，先生于百忙之中一次次为学生审阅提纲和文稿，总能高屋建瓴地为学生把握方向，让学生受益匪浅。承蒙先生的悉心指导，文稿才得以顺利完成。

感谢刘先觉教授、单踊教授、韩冬青教授、郑炘教授、张宏教授的大力帮助，在写作过程中，他们提出了许多切实中肯的建议。

感谢李志明、李向锋、史永高、朱东风、王新跃、毛建西、许继清对文稿提出宝贵建议。

最后，还要感谢我的家人，他们给予了我巨大的精神支持，使我能专注于文稿的写作。特别感谢我的妻子吴永芝对文稿的语言文字提出了许多宝贵意见。

内容简介

建筑技术是器物、制度与观念的综合。以往国内建筑师研究建筑技术较多关注建筑技术的器物形态，成果虽丰，但多数为实例介绍或表皮分析，对技术制度（即技术实践活动无法绕开的游戏规则——技术法规与技术标准等）及技术观念（价值取向）关注不够。缺乏建筑技术的器物、制度和观念层面的整体思维，外科手术式的传承与引进导致中国建筑技术发展处于依附性和边缘化的局面。这影响了我国建筑师对建筑技术的认知、选择和应用，对我国建筑技术的进一步发展有着明显的制约。鉴于此，本书以技术传承的断裂为切入口，从技术的器物、制度及观念三个层面展开论述，探讨建筑技术的设计理念，并针对当下比较突出的热点问题提出相应的技术策略与措施。

图书在版编目（CIP）数据

断裂·传承·转换：当代中国建筑技术的设计理念
及策略/孙友波著. — 南京：东南大学出版社，
2023.12
  ISBN 978-7-5766-1163-2

Ⅰ. ①断… Ⅱ. ①孙… Ⅲ. ①建筑设计—研究—中国
Ⅳ. ①TU2

中国图家版本馆CIP数据核字(2023)第252458号

断裂·传承·转换——当代中国建筑技术的设计理念及策略
Duanlie · Chuancheng · Zhuanhuan
——Dangdai Zhongguo Jianzhu Jishu De Sheji Linian Ji Celüe

著　　　　者	孙友波
责 任 编 辑	戴　丽
责 任 校 对	子雪莲
封 面 设 计	皮志伟
责 任 印 制	周荣虎
出 版 发 行	东南大学出版社
出 版 人	白云飞
社　　　　址	南京市四牌楼 2 号（邮编：210096　电话:025-83793330）
网　　　　址	http://www.seupress.com
排　　　　版	上海雅昌艺术印刷有限公司
经　　　　销	全国各地新华书店
印　　　　刷	上海雅昌艺术印刷有限公司
开　　　　本	787 mm×1092 mm　1/16
印　　　　张	13.75
字　　　　数	300千字
版　　　　次	2023年12月第1版
印　　　　次	2023年12月第1次印刷
书　　　　号	ISBN 978-7-5766-1163-2
定　　　　价	99.00元